INVENTEURS ET SAVANTS NOIRS

Du même auteur :

La Veillée, préface du Dr Pradel Pompilus, Port-au-Prince, imp. Serge Gaston, 1964

Témoin Oculaire, Port-au-Prince, imp. Serge Gaston, 1970

Au gré des heures, Presses Nationales d'Haïti, 1972

Les Sabots de la nuit, Québec, Gasparo, 1974

Alliage, Sherbrooke, Ed. Naaman, 1979

Libations pour le Soleil, Sherbrooke, Ed. Naaman, 1985

Sémiologie et personnage romanesque chez Jacques S. Alexis, Montréal, Ed. Balzac, 1993

Polyphonie, Ottawa, Ed. du Vermillon, 1996

La mémoire à fleur de peau, Ottawa, Ed. David, 2002

Les sentiers parallèles, Paris, L'Harmattan, 2008

Yves Antoine dit par lui-même (CD), 2012

Héros et rebelles du monde noir, Paris, L'Harmattan, 2016

Retrouvailles sans lendemain, Paris, L'Harmattan, 2017

YVES ANTOINE

INVENTEURS ET SAVANTS NOIRS

Troisième édition

L'Harmattan

5-7, rue de l'École-Polytechnique – 75005 Paris

www.editions-harmattan.fr

ISBN : 978-2-343-15728-3
EAN : 9782343157283

Ce livre est dédié
à la jeunesse de tous les pays du monde.

Note liminaire

La première édition de ce livre date de 1998. Une année où l'usage de l'Internet n'était pas encore courant. Nous l'avons réédité en 2012. La version que nous publions aujourd'hui a été revue et augmentée par l'auteur qui pense avec raison qu'un tel ouvrage ne sera jamais définitif.

REMERCIEMENTS

Pour mener à terme ce travail, il nous a fallu consulter une documentation qui n'était pas toujours disponible ou facilement accessible. Aussi avons-nous eu, avec des spécialistes œuvrant dans différents domaines, plusieurs entretiens d'un intérêt inestimable. À toutes les personnes dont le concours et l'enthousiasme nous ont accompagné dans notre démarche, nous exprimons notre gratitude. Nos remerciements les plus chaleureux s'adressent à Mmes Marthe Francœur, Gaëtane Voyer de la Bibliothèque du Collège de l'Outaouais, Marie-Laure Girou-Swiderski, à Cécé Marcel de la Guadeloupe, à LLoyd Stanford, au Dr Pierre Granier, à l'Ambassade du Sénégal à Ottawa, au professeur de chimie Alain Farhi, au Frère Ernest A. Even de l'Institution Saint-Louis de Gonzague et enfin au Dr Patricia S. Cowings de la NASA, qui a eu l'amabilité de nous communiquer des renseignements fort utiles.

Soyons donc assurés que, si la révolution industrielle n'était pas apparue d'abord en Europe occidentale et septentrionale, elle se serait manifestée un jour sur un autre point du globe. Et si, comme il est vraisemblable, elle doit s'étendre à l'ensemble de la terre habitée, chaque culture y introduira tant de contributions particulières que l'historien des futurs millénaires considérera légitimement comme futile la question de savoir qui peut, d'un ou de deux siècles, réclamer la priorité pour l'ensemble.

Claude Lévi-Strauss,
Race et Histoire
Paris, Ed. Gonthier, 1961, p. 65

Inventeurs et savants noirs

INTRODUCTION

Non informé de l'apport scientifique et technique des Noirs à l'humanité, Aimé Césaire, dans sa célèbre et magnifique plaquette, *Cahier d'un retour au pays natal*, a écrit :

Eia pour eux qui n'ont jamais rien inventé
pour ceux qui n'ont jamais rien exploré
pour ceux qui n'ont jamais rien dompté[1].

Sans remonter aux anciennes cultures africaines[2] vieilles de plusieurs centaines d'années, on peut affirmer que la contribution du monde noir à la science et à la technique modernes mérite d'être soulignée. S'il existe

---

[1] Aimé Césaire, *Cahier d'un retour au pays natal, Paris,* Ed. Présence Africaine, 1960, p. 71

[2] *Voir Ivan Van Sertima,* « The Lost Sciences of Africa : An overview », *Blacks in Science : Ancient and Modern,* New Brunswick (U.S.A.) and London (U.K.), Ed. Ivan Van Sertima, 1985, p. 7-26.

On trouvera un grand profit à lire l'historien et savant sénégalais, Cheikh Anta Diop. Son livre *Nations nègres et culture* paru en deux tomes, en 1954, aux Éditions Présence Africaine (Paris) a été réédité. Il avait soulevé l'enthousiasme et donné lieu à de vives polémiques dans le milieu universitaire français. Cet ouvrage extrêmement bien documenté est d'une richesse de pensée indéniable.

de nombreuses publications en anglais consacrées à ce sujet, force est de constater qu'en français, très peu de travaux ont été accomplis, mettant en valeur la diversité du génie des créateurs noirs. Parmi les ouvrages les plus intéressants, signalons le *Dictionnaire de la négritude* (1989) de Mongo Beti et d'Odile Tobner, le *Dictionnaire Black* (1995) de Christiane Passevant et de Larry Portis. Ces livres très généraux ne posent pas l'accent sur les savants. Néanmoins, nous avons été nous-même agréablement surpris d'apprendre que des Noirs ont effectué des découvertes scientifiques et des inventions techniques. Car de pareilles réalisations n'auraient pas été possibles en dehors d'un contexte socioculturel humainement favorable et doté d'infrastructures appropriées. À cet égard, les propos de Guy Sorman prennent tout leur sens : « Au total, la variété infinie de l'espèce humaine n'interdit à aucun peuple ou sexe particulier d'accéder aux plus hautes sphères de la connaissance, à condition peut-être qu'un nombre suffisant, à l'intérieur de ces peuples ou de ces sexes, reçoive les moyens de se former, puis de travailler[3] ». Le mathématicien français René Thom est plus incisif. « La science, dit-il, n'est jamais hors de la société, au contraire, elle est toujours un fait socio-politique[4] ». Dans cette perspective, on comprend aisément que le nombre de savants noirs aux États-Unis par exemple soit restreint et que ces derniers soient presque inconnus du grand public. Plus d'un facteur explique ce phénomène. D'une part, la communauté scientifique a toujours projeté l'image d'un univers clos, inaccessible ; d'autre part, les secteurs d'activités

---

[3] Guy Sorman, *Les vrais penseurs de notre temps*, Paris, Ed. Fayard, Coll. Le Livre de poche, 1989, p. 12-13.
[4] Op. cit., p. 63.

comme la danse, la musique, la politique, le sport, etc., se prêtent mieux, semble-t-il, aux puissants moyens actuels de communication de masse. En effet, qui n'a jamais entendu parler de Muhammad Ali (Cassius Clay), de Harry Belafonte, de Nelson Mandela, de Pelé ? Mais sait-on que ce fut le Noir américain Garrett A. Morgan qui inventa les feux de circulation automobile ? Quoi qu'il en soit, les médias, souvent obnubilés par des préoccupations mercantiles, ont une bonne part de responsabilité dans la distance qui sépare les hommes et les femmes de science du public en général. Un rapport pénétrant de l'UNESCO a attiré l'attention sur leur rôle et leur toute-puissance : « Dans le domaine de la communication, le secteur privé est investi, en ce qui concerne l'établissement des modèles sociaux et l'orientation des attitudes publiques et du comportement, d'un pouvoir comparable à celui des gouvernements, parfois même encore plus grand du fait de l'importance des ressources financières en jeu[5] ». En fin de compte, respectueux de l'idéologie dominante dans les sociétés occidentales et notamment aux États-Unis, les médias manifestent peu d'intérêt à montrer le Noir sous un nouvel éclairage.

Au fond, l'occultation des travaux importants de l'homme noir s'apparente à une forme de « violence symbolique » selon l'expression de Pierre Bourdieu. Elle tient en échec ses désirs ou ses tentatives d'identification à des modèles légitimes et tend à annihiler sa propre estime et sa confiance en lui-même. Mais il faut préciser qu'aujourd'hui, le concept de « race », en

---

[5] *Voix multiples. Un seul monde. Communication et société. Aujourd'hui et Demain*, France, Les Nouvelles Éditions Africaines et UNESCO, 1980, p. 146.

filigrane dans nos propos, est dépourvu de base scientifique. Cette affirmation repose sur les témoignages d'éminents spécialistes. Albert Jacquard a écrit : « Il se révèle impossible de classer les différentes populations humaines en races, à moins de décider arbitrairement leurs affectations, ce qui prive la conclusion de tout lien avec la réalité. Selon le niveau de précision que l'on cherche à respecter, on peut finalement énoncer soit qu'il n'y a pas de races dans notre espèce, soit qu'il n'y en a qu'une : l'humanité, soit qu'il y en a autant que d'humains, soit que « le concept de race n'est pas opérationnel pour notre espèce[6]. » Les progrès les plus récents de la génétique ont amené Arnold Munnich, professeur à l'université René Descartes-Paris V, à formuler des observations : « La carte des gènes est la même chez tous les hommes d'hier et d'aujourd'hui, quelles que soient leur ethnie, religion, couleur de peau, d'yeux ou de cheveux. Le décryptage du génome prive les idéologies racistes de tout fondement scientifique[7]. » Dans une brochure parue en 1978, l'UNESCO a regroupé des rapports d'experts de différentes nationalités sous le titre général, *Déclaration sur la race et les préjugés raciaux.* Nous en avons relevé quelques éléments qui nous ont semblé très percutants : « Il n'existe pas chez l'homme de race pure, au sens de population génétiquement homogène[8]. » « Tous les hommes qui vivent de nos jours appartiennent à la même espèce humaine et descendent de

---

[6] Albert Jacquard, *L'équation du nénuphar*, Paris, Ed. Calmann-Lévy 1998, p. 122.

[7] Arnold Munnich, « Génome, après le tapage » dans *Le monde*, 2 mars 2001, p. 18.

[8] *Déclaration sur la race et les préjugés raciaux*, Paris, UNESCO, 1978, p. 39.

la même souche. La division de l'espèce humaine en « races » est en partie conventionnelle ou arbitraire, et elle n'implique aucune hiérarchie de quelque ordre que ce soit[9] ». La plupart des idées exprimées dans le texte de l'UNESCO se trouvaient dans l'ouvrage monumental d'Anténor Firmin (1850-1911) : *De l'égalité des races humaines* (Paris, Pichon, 1885, 662 p.). Nous saluons cette œuvre pour ses rares qualités. Elle témoigne de l'étincelante et immense érudition de son auteur dont la démarche touche aux disciplines les plus variées de la connaissance : histoire, médecine, anthropologie, sociologie, linguistique, géographie, etc. En se référant à Blumenbach, Humboldt, Hérodote, Schœlcher entre autres, Firmin sape les systèmes de compartimentage, de hiérarchisation des « races » humaines et conclut par l'idée de la perfectibilité de celles-ci. « *De l'égalité des races humaines* est, d'après Ghislaine Géloin, un document exceptionnel, d'une impeccable rigueur, en avance sur ses contemporains[10] » La thèse défendue par Firmin allait à contre-courant de la pensée des plus grands savants de l'époque comme Paul Broca, éminent chirurgien français qui a découvert le centre phonatoire au pied de la troisième circonvolution frontale gauche, appelée, depuis lors, circonvolution de Broca. On peut imaginer ce qu'il a fallu de courage à Firmin pour s'opposer au discours dominant à la Société d'anthropologie de Paris dont il était membre. Les explications qu'il propose au

[9] *Déclaration sur la race et les préjugés raciaux*, Paris, UNESCO, 1978, p. 45-46.

[10] Ghislaine Géloin, Introduction à la nouvelle édition *De l'égalité des races humaines*, Paris, Éditions L'Harmattan, 2003, p. XXII. Traduit en anglais, en 2000, par Garland Publishing, cet ouvrage a paru en 2002, en format de poche, aux Presses de l'université d'Illinois, aux États-Unis.

sujet de l'égarement de penseurs tels Renan, Spencer, Kant, Quatrefages, sont d'une justesse étonnante.

De même, on peut signaler dans la conclusion de son livre des remarques extrêmement pertinentes : « En y réfléchissant, peut-être bien des savants européens, convaincus jusqu'ici de la supériorité de leur sang, seront-ils surpris de constater qu'ils ont été le jouet d'une méchante illusion. La situation actuelle des choses, les mythes et les légendes dont on a bercé leur enfance et qui ont présidé à la première éclosion de leur pensée, les traditions dont leur intelligence a été continuellement nourrie, tout les entraînait invinciblement à une doctrine, à une croyance que les apparences semblent si bien justifier[11]. » Humaniste visionnaire, défenseur du métissage, Anténor Firmin a finalement récusé le concept même de race que nous continuons encore à n'employer que par commodité de langage. De l'œuvre de Firmin, Mongo Beti et Odile Tobner disaient : « En bonne logique, on n'a pas à réfuter une pétition de principe ; il suffit de la citer pour la détruire. C'est ce que fait méthodiquement Anténor Firmin ; et son livre a, pour la philosophie des XVIIIe et XIXe siècles européens, toute la cruauté des *Provinciales* de Pascal pour la morale jésuite, c'est-à-dire la pure et simple cruauté de leur propre expression, exposée au rire subversif de la raison[12]. » Qualifié par Beti et Tobner de « génie méconnu » et de « premier penseur de la condition faite à l'homme noir », Anténor Firmin s'évertuait à démystifier et à informer.

[11] Ibid., p. 403

[12] Mongo Beti et Odile Tobner, *Dictionnaire de la négritude*, Parid, Ed. L'Harmattan, 1989, p. 111.

Inventeurs et savants noirs se veut également un outil d'information et est appelé à être enrichi par le lecteur. La raison en est que nos choix n'ont pas échappé à l'arbitraire. En d'autres mots, nous n'avons pu retenir tous les scientifiques noirs de haut niveau dont plusieurs travaillent pour des laboratoires européens. Certains ont exercé dans des entreprises ou centres de recherche américains très renommés. Mentionnons, à titre d'exemple, le Dr Evelyn Boyd Granville (née en 1924), le Dr Mae Jemison (née en 1956) qui étaient respectivement au service d'IBM et de la NASA.

Contribuer à la vulgarisation, dans les milieux francophones, de l'apport d'inventeurs et de savants de race noire à la civilisation universelle, tel est notre projet. Les écrivains haïtiens Jean F. Brierre et René Piquion ont publié en 1950 un opuscule intitulé *Marian Anderson* en hommage à cette sublime cantatrice. En écrivant cet ouvrage, nous avons voulu à la fois perpétuer la mémoire de quelques inventeurs et scientifiques, rétablir une certaine vérité et rendre une certaine justice. Dans la mesure où ce travail aura réussi à miner tant soit peu ce qui reste de préjugés dans nos sociétés où, hélas, le racisme est encore vivant, nous nous estimerons satisfait.

BIOLOGIE

Ernest Everett Just

ERNEST EVERETT JUST

(1883 - 1941)

La plupart des biographes d'Ernest Everett Just déplorent que cet éminent chercheur n'ait pu donner toute la mesure de son talent à cause de certains obstacles d'ordre social ou racial contre lesquels il a buté au cours de sa carrière. Il a dû, de son aveu, s'imposer un exil en Europe avant de retourner dans son pays natal, les États-Unis. Qu'importe ! Sa contribution à la science est loin d'être négligeable.

Né en 1883 à Charleston dans le sud de la Caroline, Just perdit son père alors qu'il était encore adolescent. Sa mère, institutrice, se souciait beaucoup de son éducation. Après avoir brillamment réussi à la Kimball Union Academy (New Hamphire), Just entra au collège de Dartmonth. Ses études — particulièrement de grec et de biologie — furent couronnées de succès. En 1907, il obtint son baccalauréat[1] et fut le seul de sa classe à avoir la mention *magna cum laude*. Il s'était distingué également en histoire et en zoologie. En 1916, Just fut reçu docteur (Ph.D.) en zoologie à l'université de Chicago. Mais avant l'obtention de ce dernier grade, il enseigna à Howard University (Washington, D.C.) au département d'anglais et à l'école de médecine de cette même institution. Pendant de nombreuses années, il mena des recherches au Marine Biological Laboratory (MBL) à Woods Hole (Massachusetts). Biologiste et zoologiste, Ernest E. Just a publié plus d'une cinquantaine d'articles scientifiques et deux ouvrages : *The Biology of the Cell Surface* (1939), *Basic Methods for Experiments on Eggs of Marine Animals* (1940). Comme le laissent entendre ces titres, les travaux de Just portèrent essentiellement sur la cellule et la question de la fécondation. À son époque, on accordait peu d'importance au cytoplasme c'est-à-dire le protoplasme de la cellule à l'exclusion du noyau. Quant à l'ectoplasme, partie superficielle de la cellule animale, on ne lui prêtait pratiquement aucune attention. Au bout de vingt-cinq ans de recherche, Just a affirmé avec vigueur que l'ectoplasme s'avère aussi important que le noyau et que la cellule animale en tant qu'unité vivante dépend des liens du noyau avec le cytoplasme. En raison de ses rapports avec l'environnement, l'ectoplasme exerce une influence certaine sur l'individualité et le développement harmonieux de la cellule. Ces considérations nouvelles émises par Just amenèrent les biologistes à remettre en question quelques-unes de leurs opinions en cette ma-

[1] Le baccalauréat (B.A. et B.Sc.) en Amérique du Nord désigne le premier grade universitaire obtenu après trois ou quatre années de formation et est décerné avant la maîtrise (M.A.) et le doctorat (Ph D.).

tière. Nombreuses furent les implications des travaux de Just : par exemple, ceux-ci ont ouvert en quelque sorte la voie au projet de détermination du sexe et posé le problème de la différence entre la vie végétale et la vie animale. Sans nier le rôle des gênes dans l'hérédité, Just soutint que les agents héréditaires sont situés dans le cytoplasme et que les gènes fonctionnent grâce aux substances venues du cytoplasme. Il a réussi à montrer que la fécondation résulte fondamentalement de la réaction entre l'ovule, l'ectoplasme de l'ovule et le spermatozoïde. Selon lui, l'ectoplasme se révèle donc nécessaire à la fécondation. Parallèlement à ses recherches en laboratoire, Just a collaboré à plusieurs périodiques scientifiques : *Biological Bulletin, Journal of Morphology, Physiological Zoology* et au périodique allemand, *Protoplasma.*

Devenu membre de la Corporation of the Marine Biological Laboratory, Just fut gratifié de plusieurs distinctions. il fut élu membre de l'American Society of Naturalists, de l'American Association for the Advancement of Science et l'American Society of Zoologists dont il assuma la vice-présidence. Just reçut de prestigieuses invitations venues d'Europe : la Sorbonne (Paris), Kaser Wilhelm Institute for Biology (Berlin). En 1915, le gouverneur de l'État de New York, Charles S. Whitman lui remit la Spingarn Medal, prix octroyé par la NAACP (National Association for the Advancement of Colored People)[2]. Atteint d'un cancer du pancréas,

[2] Cette association, fondée en 1909, constitue un groupe biracial et compte parmi ses membres des noms très illustres tels que l'écrivain W.E.B. Du Bois, le pédagogue et philosophe John Dewey. Elle se donne pour vocation de défendre les droits des Noirs et d'assurer leur rayonnement dans divers domaines.

Ernest Everett Just mourut aux États-Unis en octobre 1941 à l'âge de cinquante-huit ans.

HERMAN RUSSELL BRANSON

(1914 - 1995)

Il est rarissime que des noms de savants noirs soient mentionnés dans les ouvrages de référence ou les articles scientifiques. Nous louons l'honnêteté intellectuelle de Lionel Salem[1], directeur de recherche au CNRS, lauréat du prix d'État de l'Académie des sciences et du Dr Henri Atlan[2], ancien membre du Conseil consultatif national d'éthique de France. Car ces deux chercheurs ont reconnu dans leurs travaux l'apport de Herman Russell Branson à la biologie.

Originaire de Pocahontas, une petite ville de Virginie, aux États-Unis, Branson naquit en 1914. Après ses études secondaires à l'école Dunbar High School de Washington, il fréquenta l'université de Pittsburgh durant deux ans. Puis il entra au Virginia State College où il fut diplômé en 1936 avec la mention *Summa Cum*

---

1 Lionel Salem, *Le dictionnaire des sciences*, Paris, Éd. Hachette, 1990, p. 358.

2 Henri Atlan, « Temps biologique et auto-organisation » dans *Communications*, Paris, Éd. du Seuil, no 41, 1985, p. 127.

Laude. En 1939, il est reçu docteur en physique à l'université de Cincinnati. Herman R. Branson va connaître une longue carrière dans l'enseignement supérieur. Pendant deux ans, il donna des cours de mathématiques à Dillard University (Louisiane). Il occupa en 1941 le poste de professeur assistant en physique et en chimie à Howard University, à Washington. Il sera titularisé plus tard et deviendra chef du département de physique à cette université. De 1971 à l'année de sa retraite, 1985, il assuma la fonction de recteur de l'université Lincoln. Branson était conscient des disparités qui caractérisaient le financement par l'État des universités américaines (noires et blanches).

Ainsi dirigea-t-il, en 1970, un groupe d'éducateurs qui rendaient visite à la Maison blanche et au président Richard M. Nixon. Des doléances furent soumises à ce dernier. L'administration Nixon accorda une subvention de 30 millions de dollars. D'après l'article de Michael Elliot, publié dans le New York Times du 13 juin 1995, Branson avait participé, en 1969, à la création de la National Association for Equal Opportunity in Higher Education. À l'exemple des docteurs Daniel Hale Williams, William A. Hinton, Louis Tompkins Wright, Herman R. Branson se souciait d'orienter une partie de ses activités vers la lutte contre l'injustice sociale. Ses efforts visaient en effet une meilleure qualité de l'enseignement supérieur pour ses compatriotes afro-américains. Outre son engagement social et sa carrière professionnelle, Branson a vu ses travaux remporter un vif succès. Du Conseil national de recherche, il obtint, en 1948-49, une bourse lui permettant de travailler à l'Institut de technologie de Californie en collaboration avec Linus Carl Pauling (1901-1994), Prix Nobel de chimie en 1954. Ce fut là que Herman R. Branson, Linus C. Pauling et Robert B. Corey établirent en 1951 l'hélice alpha des protéines. Cette contribution est d'une importance capitale compte tenu du rôle fondamental que jouent les protéines dans les structures et les fonctions des cellules. À n'en pas douter, l'apport de Branson a eu une influence puissante sur le développement de la biologie moléculaire et de la biochimie. Herman R. Branson a reçu plusieurs titres honorifiques de nombreuses institutions : Brandis University, Western Michigan University, Virginia State University, University of Cincinnati, Lincoln University. Il était membre de la Société américaine de chimie, de l'Académie américaine de physique, de la Fondation Carver de recherche et du Conseil national de recherche des États-Unis. Il s'éteignit le 7 juin 1995, à Washington à l'âge de quatre-vingts ans.

AKLILU LEMMA

(1934 - 1997)

Citant les propos du docteur Legesse Wolde-Yohannes, Jérôme Tubiana a écrit : « Les maladies des pauvres n'intéressent pas les investisseurs occidentaux[1] ». À l'appui de ce constat navrant, Tubiana a noté : « Un récent rapport des Nations unies rappelle que, sur plus de 1200 médicaments mis sur le marché entre 1975 et 1996, seuls 13 soignent des maladies tropicales[2] ». Le scientifique Aklilu Lemma, lui, y avait consacré une bonne partie de sa vie.

Né en 1934, en Éthiopie, État de l'Afrique orientale, Lemma obtint un doctorat en pathologie de l'université Johns Hopkins (Baltimore, Etats-Unis). En 1976, il travailla pour les Nations unies à titre de conseiller principal en matières de santé et de développement. En 1988, l'U.N.I.C.E.F. (le fonds d'aide à l'enfance des Nations unies) l'embaucha comme directeur en chef adjoint. Le

---

[1] Jérôme Tubiana, « La miraculeuse» plante éthiopienne », dans *Le Point.fr*, 24 août 2001, p. 2.
[2] Loc. cit.

docteur Aklilu Lemma tenait des rôles importants dans son propre pays. Il fut le doyen de la Faculté des sciences et directeur de l'Institut de pathobiologie de l'université d'Addis-Abeba. Avec le concours de ses collègues et en particulier celui du Dr Legesse Wolde-Yohannes, il créa en 1992 la Fondation Endod qui est une institution à vocation scientifique. L'apport du Dr Lemma à la science a été de découvrir dans l'endod, plante indigène, un moyen de lutte efficace contre la schistosomiase sur laquelle portaient ses recherches. La schistosomiase, appelée autrefois bilharziose, est une infection due aux parasites qui pénètrent dans l'organisme à travers la peau au moment d'un contact avec des eaux contaminées. Ils logent dans des mollusques d'eau douce bien déterminés pour chaque espèce de vers. La schistosomiase frappe des millions de personnes sur plusieurs continents : Asie orientale, Afrique, Amérique du Sud, Caraïbes. Cette maladie chronique entraîne chez l'homme des troubles intestinaux, spléniques, hépatiques et urinaires. Dépêché en 1964 au nord de l'Éthiopie pour mener une enquête sur une éruption cutanée causée par la schistosomiase, le Dr Lemma observa des lavandières qui lavaient leurs vêtements dans des cours d'eau avec des baies de l'endod en guise de savon. Cette plante bien connue en Afrique a pour nom scientifique *phytolacca dodecandra.* Lemma remarqua, à la surface de l'eau, la présence de nombreux escargots morts. Pourtant en amont et loin en aval de la rivière, des escargots vivants abondaient. Le Dr Lemma en déduisit qu'un lien devait exister entre les mollusques morts et l'usage de l'endod comme détergent. Cette plante grimpante capable d'atteindre plusieurs mètres de haut croît dans les régions montagneuses de presque toute l'Afrique. Aklilu Lemma, Legesse Wolde-Yohannes, son principal collaborateur et son équipe approfondirent leurs travaux et établirent les diverses propriétés de l'endod qui détruit les larves d'insectes vivant dans l'eau et celles des mollusques vecteurs du paludisme. Au sujet de l'endod, Jérôme Tubiana a affirmé : « Elle peut également entrer dans la fabrication de contraceptifs, de pilules abortives, de parfum, de caoutchouc, etc… de béton léger[3]. »

Malgré tout, l'industrie pharmaceutique ne s'empresse pas de mettre au point des produits à base de cette plante qui seraient financièrement accessibles aux populations du Tiers-Monde. Toutefois on doit se réjouir que du vivant du Dr Lemma, on ait rendu hommage à ses efforts toujours soutenus.

Décoré de la médaille d'or de l'empereur Haïlé Sélassié, le docteur Aklilu Lemma partagea en 1989, avec le docteur Legesse Wolde-Yohannes, le Right Livelihood Award surnommé le Prix Nobel alternatif. Ce prix, fondé en 1980, représente « un complément critique » du Prix Nobel. Aussi est-il remis en Suède, en décembre, à la veille de la cérémonie du Prix Nobel. Il s'est assigné une double vocation : récompenser et faire connaître les travaux de personnalités (scientifiques ou autres) issues du Tiers-Monde. En 1997, année de la mort du Dr Lemma, on instaura le prix de la Fondation Aklilu Lemma. Puis l'Institut de pathobiologie de l'université d'Addis-Abeba fut rebaptisé Institut Aklilu Lemma de pathobiologie.

[3] Loc. cit.

CHRISTOPHER CHETSANGA

(1935 -)

À titre de président du Conseil exécutif de l'Organisation des Nations Unies pour l'éducation, la science et la culture (UNESCO), Christopher Chetsanga prononçait une allocution d'accueil à l'occasion de la visite du président de la République du Venezuela, Hugo Chavez. Dans son discours, Chetsanga disait : « L'éducation, nous le savons, est le facteur le plus puissant de nivellement social ; elle donne à tous les moyens de se réaliser ». Il avait raison. Cependant, on pourrait affirmer aussi que l'éducation favorise le dialogue des cultures et prédispose, au-delà des considérations d'ordre racial ou ethnique, à la reconnaissance de la contribution de tous les peuples au patrimoine de l'humanité.

Né en 1935 à Murehwa (Zimbabwe, État de l'Afrique Australe), Christopher Chetsanga termina ses études secondaires à Tegwani en 1957. Il se rend alors aux États-Unis où il devient bachelier ès sciences de l'université de Californie. En 1969, il obtint de l'Université de Toronto (Canada) une maîtrise, puis un doctorat en biochimie et en biologie moléculaire. Il retournera aux États-Unis afin de poursuivre des études postdoctorales à Harvard University. En 1972, il professa à l'université du Michigan (Illinois). Après une brillante carrière d'enseignant et de chercheur à l'étranger, Chetsanga rentre au Zimbabwe pour assumer d'abord la fonction de professeur et passer ensuite à la direction du département de biochimie de la Faculté des sciences de l'université du Zimbabwe dont il deviendra le doyen.

Christopher Chetsanga a publié plusieurs articles scientifiques et donné de nombreuses conférences. On lui doit la découverte importante de deux enzymes : Formamido-pyramidine DNA Glycosylase, DNA cyclase. Ces deux enzymes aident à la réparation de certains dommages que peut subir l'ADN (l'acide désoxyribonucléique est, par excellence, une source d'information génétique). Les enzymes en question furent découvertes respectivement en 1979 et 1985.

Les travaux de Christopher Chetsanga furent récompensés par une médaille d'or que lui décerna l'UNESCO en 1999. L'Université du Zimbabwe l'honora en 2000 du titre de docteur ès sciences. Comme tous les autres savants noirs de haut rang, Christopher Chetsanga a suivi un parcours individuel remarquable qu'en très grande partie l'éducation a rendu possible.

TILAHUN D.YILMA

(1943 -)

Tilahun Daniel Yilma a mené une belle carrière de professeur et de scientifique. Né à Bulki (Gemugafa, Éthiopie), le 15 décembre 1943, Yilma passa son doctorat en médecine vétérinaire en 1970, à l'université de Californie (Davis). Il est titulaire d'un doctorat en microbiologie de la même université. De 1980 à 1985, il fut professeur assistant à l'université de l'État de Washington. De 1986 à nos jours, il enseigne la virologie à l'université de Californie. Depuis 1991, il occupe également le poste de directeur au laboratoire international de biologie moléculaire de l'université de Californie (Davis). Plusieurs organisations renommées sollicitent ses services de consultant scientifique. Parmi elles, citons l'OMS (Organisation mondiale de la santé), la F.A.O. (Organisation des Nations Unies pour l'alimentation et l'agriculture), l'Institut fédéral suisse de technologie.

Le Dr Tilahun D. Yilma a publié des articles dans des revues savantes prestigieuses : *Nature, Science, New Scientists,*

The Journal of Virology. Des institutions telles que la Société royale de médecine (Londres), Agriculture Canada (Alberta), l'Institut de biologie animale (Université de Lausanne, Suisse), le Centre de biologie de l'État du Rio Grande du Sud (Porto Alegre, Brésil) l'invitèrent comme conférencier. Les publications et les voyages professionnels du Dr Yilma à travers le monde lui offrirent l'occasion de diffuser les résultats de ses recherches. Jusqu'à présent, il a en effet à son actif deux contributions au progrès de la science. Il a élaboré une procédure de diagnostic de l'infection virale désignée en anglais par l'expression *rinderpest*. Introduite en Afrique en 1888 par des troupes italiennes qui envahirent l'Éthiopie, cette maladie décima un nombre faramineux de bestiaux. Yilma fabriqua un vaccin contre le virus, pour lequel il obtint un brevet aux États-Unis. Ce vaccin protégea les animaux non seulement en Éthiopie, mais dans toute l'Afrique et ailleurs. Car l'infection virale en question s'observait aussi sur d'autres continents. En collaboration avec une équipe de spécialistes, le Dr Yilma s'applique, depuis quelque temps, à la préparation d'un vaccin contre le sida (syndrome d'immunodéficience acquise) qui constitue, comme on sait, l'une des maladies les plus meurtrières du XXe siècle. Les recherches du Dr Yilma ont eu, par les entrevues qu'il accordait, des échos retentissants dans la plupart des grands médias : BBC (British Broadcasting Corporation), Voice of America (Voix de l'Amérique), CNN (Cable News Networks), *Wall Street Journal*…

En 2004, le Dr Tilahun D. Yilma fut élu à l'Académie des sciences des États-Unis. Il reçut en 1988 le Beechman Award for Research Excellence. En 1990, le Ciba-Geigy Award for Research in Animal Science lui fut remis. Le livre *Who's Who in Science and Engineering* (New Jersey, É.-U, 2008-2009) le présente favorablement dans une notice biographique.

DALE BROWN EMEAGWALI

(1954 -)

Il est plutôt rare que des couples soient unis à la fois par les liens du mariage et leur intérêt pour la science. Marie et Pierre Curie, Irène et Frédéric Joliot en sont les exemples les plus célèbres. Mariés en 1981, Dale Brown et Philip Emeagwali se sont révélés deux éminents scientifiques.

Née en 1954, à Baltimore (Maryland, États-Unis), Dale Brown Emeagwali termina ses études secondaires en 1972 à la Northwestern High School. Diplômée du Coppin State College en 1976, elle fut admise à l'université Georgetown (Washington, D.C.) où elle reçut, en 1981, son doctorat en microbiologie. Après avoir travaillé comme chercheur pour de nombreuses institutions telles que les National institutes of Health, l'université du Wyoming, la National Science Foundation, l'université du Michigan, l'American Cancer Society, Dale Brown Emeagwali s'installa dans sa ville natale. En 1996, elle devint membre de la Faculté de biologie à Ball State University.

Le cancer constituait l'objet de ses recherches. Ainsi a-t-elle découvert dans la bactérie *Streptomyces* une substance appelée cynurénine qui est un métabolite. Cette découverte a aidé les spécialistes à mieux comprendre les causes du cancer, notamment des leucémies par exemple. Et elle eut également des incidences sur les approches thérapeutiques.

Dale Brown Emeagwali, tout en poursuivant ses travaux, manifesta une vive sensibilité à la situation des jeunes Afro-Américains qu'elle encouragea aux études scientifiques. La preuve en est qu'elle et son mari ont instauré l'African American Science Day. Cette activité organisée annuellement par le personnel du Musée de la science du Minnesota se propose d'offrir des modèles aux jeunes Afro-Américains.

Membre de la National Science Foundation et de l'American Cancer Society entre autres, Dale Brown Emeagwali fut honorée, en 1996, du titre de scientifique de l'année par la National Technical Association.

BOTANIQUE

EDMOND ALBIUS

(1829 - 1880)

Edmond Albius[1] appartient à la lignée des Noirs qui, même nés en esclavage, arrivèrent à percer dans un domaine ou un autre. Nous pensons particulièrement à Lewis H. Latimer pour l'électricité, George W. Carver pour la chimie. Albius, dont la mère mourut en le mettant au monde, naquit en 1829 à Sainte-Suzanne, ville de l'île de la Réunion, département français d'outre-mer situé dans l'océan Indien. La Réunion vécut environ deux siècles sous le régime esclavagiste qui importait des hommes et des femmes noirs de Madagascar et de l'Afrique de l'Est.

---

[1] Pour la rédaction de ce chapitre, nous nous sommes fortement appuyé sur un film documentaire de Jim Damour, produit avec le concours des organismes suivants : la Bibliothèque départementale, les Conseils général et régional, les Archives Départementales de la Réunion, l'Association pour la sauvegarde du patrimoine, le Comité du Cent cinquantième anniversaire de l'abolition de l'esclavage, RFO (Radio France d'outre-mer, 1998).

Confié à un riche colon français dénommé Féréol Beaumont, Albius accomplissait des tâches domestiques et était traité par son maître avec bienveillance. Beaumont, en effet, lui enseigna des rudiments de botanique. Il importe de souligner que la production du sucre, des épices, du café, de la vanille constituait la base de l'économie réunionnaise. Le vanillier, plante ornementale, était très prisé. Mais à cette époque, les savants n'avaient pas réussi la fécondation artificielle de sa fleur malgré des recherches soutenues. En 1841, à l'âge de douze ans, Edmond Albius parvint, à la grande stupéfaction de son maître, à réaliser la pollinisation de la vanille. Désormais, le vanillier pouvait produire plusieurs gousses. Le procédé de fécondation découvert par Edmond Albius lui bâtit un certain renom puisque d'autres colons le firent chercher pour qu'il expliquât sa technique. Il en résulta la possibilité d'une production de masse de la vanille et, par voie de conséquence, un accroissement des richesses des planteurs. Beaumont reconnut volontiers à Edmond Albius la paternité de sa découverte, mais n'affranchit pas celui-ci. Pourquoi ? Mystère. À la proclamation de l'abolition de l'esclavage dans l'île, le 20 décembre 1848, Albius quitta le domaine de Beaumont pour aller vivre à Saint-Denis, la capitale. En 1852, il fut arrêté pour tentative de vol avec effraction et condamné à cinq ans de réclusion. Féréol Beaumont protesta dans les journaux et réclama sa libération. Finalement, en 1855, on accorda à Edmond Albius une remise de peine. Ce dernier retourna chez son ancien maître et lui jura fidélité. Féréol Beaumont interviendra auprès du Gouverneur de l'île en faveur de son protégé pour l'octroi de quelque subside en récompense de sa découverte. Malheureusement ses démarches demeurèrent vaines.

Albius s'éteignit dans la misère et la solitude le 9 août 1880 à l'hospice de Sainte-Suzanne. Plusieurs rues de cette ville portent son nom. En 1981, on y édifia son buste en hommage à cet ancien esclave qui, parmi ses pairs, fut le seul à avoir acquis la notoriété. Antoine Roussin, un Blanc, exécuta et publia le portrait d'Edmond Albius dans l'album de la Réunion.

CHIMIE

George Washington Carver

George W. Carver dans son laboratoire

GEORGE WASHINGTON CARVER

(1864 - 1943)

Jamais le destin d'un homme ne fut aussi exceptionnel que celui de George W. Carver. Partant du plus bas de l'échelle sociale américaine, il réussit, par son travail, sa détermination à toute épreuve, à se tailler une place dans le domaine de la science.

Né dans l'esclavage à Diamond Grove (Missouri) en 1864[1], sur la propriété de Moses et Susan Carver — l'abolition de l'esclavage aux États-Unis ne fut unanimement acceptée qu'en 1865 — George Washington Carver porta le nom de ses maîtres. Enlevés par une bande de Blancs maraudeurs d'esclaves, sa mère et lui furent vendus dans l'Arkansas. Ses propriétaires le récupérèrent contre la rançon d'un cheval de race. Quant à sa mère, on n'en retrouva pas la moindre trace. L'esclavage aboli, George W. Carver continua de vivre

---

[1] La date de naissance de Carver est incertaine. Cependant l'année 1864 est celle retenue par la majorité de ses biographes y compris le *Dictionnaire des Inventeurs et Inventions*, Paris, Ed. Larousse, 1996, p. 213.

chez les Carver. Animé d'une foi chrétienne ardente, il apprit à lire et à écrire et plus tard, il fréquenta à Neosho (Missouri) une école destinée aux Noirs. Il fit ses études secondaires à l'école de Minneapolis (Kansas). Il se distingua par son rendement scolaire qui lui valut son admission immédiate dans un collège de Highland (Kansas). On lui accorda une bourse d'études. Mais au moment où il se présenta en personne à cet établissement, on le refusa tout simplement à cause de la couleur de sa peau. En 1887, George W. Carver entra au Collège Simpson (Iowa) et en 1891, au Collège de l'État de l'Iowa. Il manifesta un vif intérêt pour l'agriculture et la botanique. En 1894, il obtint son baccalauréat ès sciences (B.Sc.) du Collège agricole de l'Iowa. Ses études ne l'empêchèrent jamais de s'exercer à la peinture et à la musique. Carver reçut en 1896 une maîtrise ès sciences (M.Sc.) agronomiques de l'Université de l'État de l'Iowa. Sur le plan professionnel, il partagea son temps entre l'enseignement et la recherche. À la demande de Booker T. Washington, Carver accepta le poste de directeur de recherche au Tuskegee Normal and Industrial Institute (Alabama). Thomas Edison l'invita à se joindre à son personnel d'Orange Grove (New Jersey) en lui offrant un salaire annuel très alléchant. Une proposition de Henry Ford, pionnier de l'automobile, allait dans le même sens. Carver déclina poliment ces deux sollicitations, convaincu que ses travaux à son laboratoire de Tuskegee devaient lui permettre de mieux servir la communauté noire et la société américaine dans son ensemble.

La contribution de George W. Carver à la science est considérable. Il concentra ses premières recherches sur les champignons qui attaquaient et détruisaient d'autres plantes tels le blé, le cerisier, le houblon. Les maladies des plantes constituèrent également l'objet de ses études. En 1896, Carver découvre une nouvelle espèce de champignon qui vit sur l'érable rouge et l'érable argenté. Ce champignon a pour nom Taphrina Carveri[2]. Deux ans plus tard, Carver identifie deux autres espèces de champignon baptisées *Collectrichum Carveri* et *Metasphaeria Carveri*[3].

Carver est célèbre pour les travaux qu'il a accomplis sur l'arachide dont il a extrait plus de 250 produits comprenant, par exemple, le shampoing, le vinaigre, le savon, la poudre de toilette, etc. De la patate, il a tiré 118 produits comme la farine, l'encre, le tapioca, l'amidon, le caoutchouc synthétique… Avec de la terre glaise, Carver fabriqua plusieurs teintures et peintures. Lors de la surproduction du coton aux États-Unis, il inventa un procédé d'utilisation de cette matière pour la fabrication de planches d'isolation, de papier, de cordage et de blocs de pavage pour la construction des autoroutes. À partir du soja, Carver créa une matière plastique que Henry Ford employa dans certaines pièces d'automobile.

Comme on peut le constater, non seulement les travaux de George W. Carver furent variés et touchaient à maints secteurs de la vie quotidienne, mais ils eurent une incidence bénéfique directe sur l'économie américaine. On sait que la plupart des terres des États du Sud

---

[2] A.E. Jenkins, *Journal of Washington Academy of Science*, vol. 29, May 15, 1939, p. 282.

[3] Ibid, p. 282.

N.B. Ces deux références sont empruntées à Louis Harber dans son livre, *Black Pioneers of Science and Invention*, New York, Ed. Harcourt Brace Jovanovicle inc., 1970, p. 109.

des États-Unis, appauvries par la culture du coton et du tabac, deux produits liés à l'esclavage, furent régénérées par des engrais dus aux recherches de Carver.

Celui-ci fut reconnu tant sur le plan national qu'international. En témoigne son élection, à titre de membre, à la Société royale des arts, de l'industrie et du commerce de Grande-Bretagne en 1916. Honneur réservé à très peu d'Américains. En 1928, il reçut du Collège Simpson un doctorat honoris causa ès sciences. L'Université de Rochester lui conféra en 1941 un diplôme semblable. Un timbre-poste à l'effigie de George W. Carver fut émis en 1948. La NAACP (National Association for the Advancement of Colored People) lui rendit un hommage suprême en lui décernant la médaille Spingarn en 1923. On prétend que Carver s'était toujours opposé à l'idée de faire breveter ses travaux. Cependant, l'Office américain des brevets lui en avait délivré trois : un pour la préparation de cosmétiques à partir de l'arachide[4], un deuxième pour la fabrication de peintures et de teintures à partir de la terre glaise[5] et un troisième pour une méthode améliorée de fabrication de ces deux produits[6].

Timbre émis à l'effigie de George W. Carver

[4] Numéro du brevet* : 1, 522, 176, 6 janvier 1925.
[5] Numéro du brevet* : 1, 541, 478, 9 juin 1925.
[6] Numéro du brevet* : 1, 632, 365, 14 juin 1927.
* cité par Louis Harber dans *Black Pioneers of Science and Invention*, New York, Ed. Harcourt Brace Jovanovicle inc., 1970, p. 119.

En 1940, on le proclama « homme de l'année » ; la Fédération Internationale des Architectes, des Ingénieurs et des Techniciens lui remit une plaque pour son apport à la science et ses services inestimables rendus à l'humanité. Carver mourut en 1943. Un monument fut érigé à sa mémoire à Tuskegee près du Musée Carver.

George W. Carver et le président F. D. Roosevelt

Comme il n'avait pas d'héritiers, la somme d'argent trouvée, à sa mort, devait servir à la création de la Fondation George Washington Carver et aider à la recherche scientifique. Le 6 janvier 1943, le président Franklin D. Roosevelt adressa un télégramme à l'Institut Tuskegee : « Le monde de la science a perdu dans la disparition du Dr George Washington Carver une de ses plus éminentes figures et la race noire, un membre exceptionnel. La diversité de son génie et de ses réalisations dans les multiples domaines des arts et des sciences était hors du commun. L'humanité tout entière a profité de ses découvertes dans le domaine de la chimie agricole. Ses succès face aux obstacles qu'il a rencontrés à ses débuts constituent un modèle pour la jeunesse du monde entier. J'ai eu le grand privilège, poursuit le président Roosevelt, d'avoir rencontré le Dr Carver et de lui avoir parlé à Tuskegee à l'occasion heureuse de ma visite à l'Institut, lieu de ses longs et remarquables travaux[7]. »

[7] Ibid, p. 104.

LLOYD A. HALL

(1894 - 1971)

LLoyd Augustus Hall peut être considéré comme l'un des scientifiques noirs américains qu'on n'aurait pas tort de qualifier de pionnier pour un double motif. D'une part, le champ de ses recherches était relativement nouveau (il s'agissait de la chimie alimentaire ou plus précisément de la conservation des aliments) ; d'autre part, seulement quelques chercheurs s'y étaient consacrés.

Né le 20 juin 1894 à Elgin (Illinois), Hall fréquenta l'East Side High School. Dès son jeune âge, il s'intéressa aux sciences. À la fin de ses études secondaires, il bénéficia de quatre bourses universitaires. Finalement, il opta pour la Northwestern University. En 1916, il reçut son baccalauréat ès sciences. Puis il poursuivit des études supérieures en chimie à l'université de Chicago[1]. Au cours de sa carrière, LLoyd A. Hall occupa des postes prestigieux. Chimiste en chef du Boyer Chemical Laboratory à Chicago, il devint en 1925 directeur de recherche aux Griffith Laboratories. Durant la deuxième guerre mondiale, il travailla, de 1943 à 1948, comme membre du Committee on Food Research of the Scientific Advisory Board (Quartermaster Corps, War Department). Consultant pour la George W. Carver Foundation (1946-1948) et la Food and Agricultural Organization of the United Nations (F.A.O.), LLoyd A. Hall a passé six mois en Indonésie au service de cette organisation dont le siège se trouve actuellement à Rome. Hall fut également membre de l'Institute of Food Technologists et collabora activement à la publication du magazine *The Vitalizer.* Il s'est surtout distingué par ses travaux sur la préservation des aliments. En effet, les procédés de conservation des aliments étaient loin d'être satisfaisants. Depuis les temps les plus reculés, on utilisait le chlorure de sodium (le sel de table) comme agent de préservation de la viande par exemple. Hall s'est rendu compte que la préservation de la viande par un mélange de chlorure de sodium, de nitrate et de nitrite de sodium laissait à désirer : le chlorure de sodium pénètre trop lentement la viande à l'encontre du nitrate et du nitrite qui le font plus rapidement. Par conséquent, le proces-

[1] Il est utile de noter que la ville de Chicago fut fondée au XVIIIe siècle par Jean-Baptiste Pointe Du Sable, un pionnier d'origine haïtienne. On trouve son buste au musée de l'histoire afro-américaine, ouvert à Chicago depuis 1961. Une école secondaire publique porte son nom. Un monument dédié à sa mémoire fut dévoilé le samedi 17 octobre 2009, à l'Avenue Plaza du Michigan.

sus de détérioration l'emporte sur celui de la conservation. Hall est parvenu à résoudre ce problème en incorporant le nitrate et le nitrite dans des cristaux de chlorure de sodium par la technique appelée « séchage rapide » *(Flash drying)*. Ce procédé nouveau permet la conservation des aliments sans en altérer l'apparence et le goût. On l'a appliqué dans toute l'industrie alimentaire. Cependant un autre problème se posait : celui de l'emmagasinage des produits. Dans les contenants en usage jusqu'alors, la mixture saline employée par Hall absorbait l'humidité de l'air et formait une croûte solide. Pour y remédier, il eut recours à une combinaison de deux agents chimiques : la glycérine et le tartrate.

Un autre champ d'investigation auquel il porta un grand intérêt concerne la stérilisation[2] des aliments et des substances qui y sont associées. Contrairement à la croyance générale, Hall avança que les épices, au lieu de préserver les aliments, créent des millions de germes de bactéries. Hall traita alors les produits alimentaires par le vide, ce qui élimine l'humidité, nettoie la surface et l'intérieur des aliments qui, sous l'action de l'éthylène, se stérilisent. L'introduction des épices stérilisées dans l'industrie alimentaire provoqua une véritable révolution dans ce domaine. Cette méthode trouva son application en cosmétologie et en médecine, pour les médicaments et les accessoires. Elle connut un usage général à travers les États-Unis. LLoyd A. Hall publia de nombreux articles scientifiques et obtint plus d'une centaine de brevets pour ses divers travaux.

---

[2] Numéro du brevet* : 2, 107, 697, 8 février 1938.

* Cité par *The Negro Almanac A Reference Work on the African American*, Fifth Edition, Detroit, London (U.S.A.), Ed. Gale Research inc. 1989, p. 1109.

La consécration de Hall ne se réduit pas à ces faits. Membre de l'American Food for Peace Council de 1962 à 1964, il fut aussi membre d'honneur de plusieurs sociétés savantes : American Association for the Advancement of Science, American Public Health Association, New York Academy of Sciences. LLoyd A. Hall fut le récipiendaire de plusieurs prix : Honor Scroll of the Chicago (1956), Phi Tau Sigma, Honor award du Committee of 100 de Chicago (1957), Certificate of Appreciation du Watermaster Corps pour les services rendus pendant la seconde guerre mondiale. Outre ces témoignages de reconnaissance, de nombreux ouvrages collectifs ont retenu le nom de LLoyd A. Hall : *American Men of Science, Who's Who in Chemistry, Who's Who in Colored America, Who's Who in America.*

Percy L. Julian dans son laboratoire

PERCY L. JULIAN

(1898 ? - 1975)

Né le 11 avril 1898 ? à Montgomery (Alabama), Percy Lavon Julian est issu d'une famille noire exceptionnelle pour l'époque. Ses deux jeunes frères furent reçus médecins à l'université DePaw dans l'État d'Indiana. Ses trois sœurs furent diplômées de la même université et ont poussé leurs études jusqu'au niveau de la maîtrise. Selon un article du magazine *Coronet* (janvier 1948), Julian avait escaladé la clôture d'une école secondaire réservée aux Blancs afin d'observer des élèves dans un laboratoire. Il s'était exclamé : « Un jour, je serai chimiste[1]. » Cette phrase qui traduit la détermination et la force de caractère du jeune Julian fait songer aux propos célèbres de Victor Hugo alors âgé de quatorze ans : « Je veux être Chateaubriand ou rien ». Contrairement aux vœux de son père qui aurait voulu voir Percy L. Julian entreprendre plutôt des études de médecine, ce dernier s'orientera vers la chimie, discipline interdite ou peu accessible aux Noirs.

---

[1] Cité par Stu Borman dans *Chemical & Engineering News, C & En*, Washington, February 1, 1993, p. 9.

Il sera admis à DePaw University et obtiendra en 1920 un baccalauréat en chimie. Pendant un certain temps, il professa à Fisk University. Boursier, il quitta en 1922 cette université en vue d'entreprendre des recherches à Harvard où il passa sa maîtrise en 1923. Il y travailla jusqu'en 1926. Toutefois, on ne lui a jamais offert un poste de professeur sous prétexte de ne pas mécontenter les étudiants de race blanche. En 1928, il devint chef du département de chimie à Howard University dont la majorité des étudiants étaient noirs. Grâce à une bourse de la Rockefeller Foundation, Julian reçut son doctorat en chimie à l'université de Vienne (Autriche) en 1931. Notons qu'il y avait mené des recherches sous la direction du professeur Ernst Späth. Peu après la mort de ce dernier, pour lui rendre hommage, Percy Julian fit dresser le buste de son ancien professeur à la faculté de chimie de l'université de Vienne.

En 1932, Julian retourna à DePaw à titre de chercheur et de directeur de recherche. Nombre des travaux qu'il dirigea donnèrent lieu à des publications. Ses succès professionnels ne l'empêchèrent pas de rencontrer des difficultés dans sa vie personnelle. Après avoir épousé, en 1935, Anna Johnson, diplômée en sociologie de l'université de Pennsylvanie, Julian acheta une propriété dans Oak Park (Illinois). Sa maison fut incendiée par des individus qui désiraient le voir déguerpir de cette zone. Heureusement cet attentat ne fit pas de victimes. Le *Chicago Sun-Times* condamna cet acte et ne manqua pas d'invoquer les principales contributions du Dr Percy L. Julian à la science et, par conséquent, à l'humanité. Il convient de souligner que des voisins de Julian lui adressèrent une lettre de solidarité dans laquelle ils lui souhaitaient la bienvenue.

Percy Julian s'est toujours montré sensible aux problèmes sociaux de son milieu et de son époque. Aussi participa-t-il au mouvement pour les droits civiques et appuya-t-il plusieurs organismes militant dans ce sens : NAACP Legal Defense and Educational Fund, Martin Luther King Jr's Southern Christian Leadership Conference, Student Nonviolent Coordinating Committee. Cependant la notoriété de Julian vient non seulement de son engagement social, mais surtout de ses travaux scientifiques. Il passe pour le premier chimiste noir à avoir dirigé un laboratoire industriel important : la Glidden Company de Chicago. Il inventa une mousse ignifuge capable de combattre le feu. Ce produit fut utilisé pendant la deuxième guerre mondiale et permit de sauver la vie à plusieurs soldats américains. Julian synthétisa la physostigmine employée dans le traitement du glaucome. D'après le scientifique émérite Arnold Brossi des National Institutes of Health, « la première synthèse totale de la physostigmine naturelle par Julian et Pikl était un progrès considérable dans la chimie des produits naturels[2] ». Percy Julian a réalisé la synthèse de la progestérone ainsi que celle de la cortisone[3]. À la Compagnie Glidden, le nom de Percy L. Julian est associé à la fabrication de nombreux produits importants tels que l'huile de soya, la lécithine. En 1953, Julian quitta la Compagnie Glidden et fonda ses propres laboratoires qu'il vendit plus tard à Smith, Kline and French.

La carrière de Julian, malgré certains déboires, fut

[2] Op. cit., p. 10.

[3] Numéro du brevet* : 2, 752, 339, 10 août 1954.

* Cité par *The Negro Almanac A Reference Work on the African American,* Fifth Edition, Detroit, London (U.S.A.), Ed. Gale Research inc., 1989, p. 1110

pleinement réussie. Après avoir essuyé des rebuffades, Julian put enseigner aux universités de Fisk et de Virginie.

La valeur de ce savant, la portée de ses travaux sont maintenant largement reconnues. En 1947, Julian fut médaillé par la NAACP (National Association for the Advancement of Colored People). En 1973, il fut élu à l'Académie nationale des sciences des États-Unis. La faculté des sciences de plusieurs universités américaines porte son nom : DePaw, MacMurray College, Jacksonville, Illinois State University, Coppin State College, Baltimore. Son portrait est affiché à la clinique des National Institutes of Health à Bethesda. En janvier 1993, un timbre-poste[4] imprimé à son effigie fut mis en circulation. Julian mourut le 19 avril 1975. La plupart des honneurs dont on le combla furent posthumes. En revanche, Percy L. Julian demeure l'une des figures de proue du monde scientifique aux États-Unis.

[4] Parmi les Noirs américains ayant eu cet honneur, se rangent Jackie Robinson, W.E.B. Du Bois, George W. Carver, Martin Luther King.

LLOYD ALBERT QUATERMAN

(1918 - 1982)

Faire don de son corps à la science peut être vu comme un acte de générosité. Mais lorsque cet acte vient d'un scientifique, il nous semble qu'il prend une valeur hautement symbolique en ce sens qu'il confirme en même temps une vocation. Ces réflexions nous ont été inspirées par la vie du chimiste, LLoyd A. Quaterman qui a légué son corps à la science.

Né en 1918, à Philadelphie, il fait ses études au Collège Sainte-Augustine en Caroline du Nord. Il obtient son baccalauréat en 1943. Plusieurs années plus tard, il retourne aux études et reçoit une maîtrise ès sciences à la Northwestern University en 1952. Dès l'obtention de son premier diplôme, il fut embauché par le Ministère de la défense nationale des États-Unis (U.S. War Department) et collabora à la réalisation du projet baptisé secrètement Manhattan Project. Tel était le nom de code de la bombe atomique. Conçu durant la deuxième guerre mondiale, ce projet consistait essentiellement à fabriquer la première bombe atomique au monde. De nombreux centres de recherche disséminés à travers les États-Unis mobilisèrent leurs ressources en vue d'atteindre cet objectif. Parmi eux on comptait l'université de Chicago et le laboratoire de l'université Columbia à New York. LLoyd Albert Quaterman appartenait au groupe rattaché à cette dernière institution. Cependant, quand, à Chicago, un stade désaffecté fut transformé en un vaste laboratoire, Quaterman, sous la direction du célèbre physicien d'origine italienne Enrico Fermi, étudia la mécanique quantique et travailla sur le « programme du plutonium ». Au moment où le Manhattan Project touchait à son terme en 1946, on fonda à Chicago une autre institution dénommée Argonne National Laboratories. C'est là que fut construit le premier réacteur nucléaire à la création duquel Quaterman a contribué. Il a également participé à la préparation des composés du xénon. Grâce à ses recherches, on a réussi à obtenir le tétrafluorure de xénon, le difluorure de xénon, l'hexafluorure de xénon. Le xénon, gaz rare, ne pouvait pas entrer en réaction avec d'autres molécules avant les travaux de Quaterman. Outre la chimie, Quaterman a manifesté de l'intérêt pour l'étude des interactions entre les radiations et la matière. Il mit au point une cellule aux parois de diamant *(diamond window)* dans laquelle il introduisit de l'acide fluorhydrique, le solvant le plus puissant. Grâce à la dureté du diamant, Quaterman put étudier avec succès en 1967 la structure de certaines molécules par la mise en solution de composés chimiques dans l'acide fluorhydrique.

À peine Quaterman eut-il entrepris des recherches sur « le sang synthétique » que la mort le faucha en 1982 à Chicago. Comme on le voit, les domaines pour lesquels LLoyd A. Quaterman se passionnait étaient variés et ses apports à la science, non moins appréciables. Pour l'honorer, le Collège Sainte-Augustine lui décerna un doctorat honorifique en chimie en 1971. Le Ministère américain de la défense nationale lui délivra un certificat de mérite portant la date significative du 6 août 1945, pour « sa participation au travail essentiel de la réalisation de la bombe atomique[1] » qui assura aux États-Unis leur victoire militaire sur le Japon.

[1] Cette citation est tirée de ladite attestation reproduite in extenso par Ivan Van Sertima dans *Blacks in Science Ancient and Modern*, New Brunswick (U.S.A.) and London (U.K.), Ed. Ivan Van Sertima, 1985, p. 270.

RALPH GARDNER

(1922 -   )

Né en décembre 1922, à Cleveland (Ohio), Ralph Gardner fit ses études à l'université de l'Illinois et fut reçu chimiste en 1943. En utilisant un catalyseur, il élabora une méthode d'interprétation des réactions chimiques. Celle-ci a suscité des développements dans le domaine de la chimie, de la pétrochimie, de la pharmacie, des polymères et des industries du plastique. Gardner se trouve à l'origine de la fabrication des plastiques durs. Il a frayé la voie au développement de solutions pratiques aux problèmes de la pollution et du traitement des déchets. Il a passé plusieurs années au service des Argonne National Laboratories de l'université de Chicago. Il importe de rappeler que ces laboratoires furent des pionniers dans le monde en ce qui a trait à la création et à la construction de réacteurs nucléaires. Comme LLoyd A. Quaterman, Ralph Gardner a collaboré, sous la direction du Dr Enrico Fermi, Prix Nobel de Physique en 1938 et du Dr Nathan Sugarman, aux recherches touchant au Manhattan Project. Selon Brodie[1], six autres chercheurs noirs faisaient partie de cette équipe. Il s'agit d'Eward A. Russel, Moddie Taylor, Harold Delaney, Benjamin Scott, J. Ernest Wilkins et Jaspar Jeffries.

1 James Michael Brodie, *The Lives and Ideas of Created Equal Black American Inventors*, New York, Ed. William Morrow and Company, 1993, p. 165.

JAMES A. HARRIS

(1932 - 2000)

Né en 1932 à Waco, au Texas, James Andrew Harris appartenait à une famille monoparentale dont la mère se voyait contrainte, à la suite de son divorce, d'emménager à Oakland en Californie. Il y parvint à achever ses études secondaires. Peu de temps après, il retourna au Texas afin de compléter sa formation au Huston-Tillotson College. Il obtint en 1953 un baccalauréat en chimie. En 1975, l'Université d'État de Californie lui conféra une maîtrise en administration publique.

Harris a servi quelque temps dans l'armée. Mais il eut du mal à trouver un emploi approprié à sa formation. Rappelons que la loi Jim Crow qui, de la fin du XIXe siècle jusque dans les années 1960, s'attachait à renforcer la discrimination raciale aux États-Unis, sévissait dans la région où vivait Harris. En fin de compte, il fut embauché par Tracerlab Inc à Richmond en Californie. Il y passa cinq ans. Au terme de cette période, il entra à titre de chimiste chez Lawrence Berkeley Laboratory, un département de chimie nucléaire relevant de l'université de Californie. Ce fut là qu'il joua, en 1969 et 1970, un rôle primordial dans la découverte de deux éléments chimiques : le rutherfordium (symbole Rf) et le dubnium (symbole Db). Le rutherfordium, dont le poids atomique est 267 et le numéro atomique, 104, représente le dernier élément du quatrième groupe secondaire du tableau périodique. Le dubnium, dernier élément du cinquième groupe secondaire du tableau périodique a pour masse atomique 268. On lui attribue 105 comme numéro atomique.

Il est généralement admis que la découverte du rutherfordium et du dubnium fut réalisée simultanément ou presque, aux États-Unis et en Union Soviétique à l'époque. Les équipes scientifiques américaine et russe ont convenu en 1997 de désigner le rutherfordium ainsi à la mémoire du savant néo-zélandais, Ernest Rutherford (1871-1937) et d'identifier le dubnium sous ce nom pour rappeler une petite ville Dubnia située non loin de Moscou.

En 1977, James A. Harris fut promu directeur de l'Engineering and Technical Services Division à Berkeley. Parmi les Associations auxquelles il avait adhéré, retenons la National Society of Black Chemists and Chemicals Engineers, la Nuclear Target Society et l'American Chemical Society. En 1973, le Collège Huston-Tillotson lui a remis un doctorat honorifique. Aussi a-t-il reçu deux autres prix : le Scientific Merit Award du maire de Richmond et le Certificate of Merit de la Black Dignity Science Association. Il prit sa retraite en 1988. James A. Harris est mort le 12 décembre 2000.

Bertram Oliver Fraser-Reid

BERTRAM OLIVER FRASER-REID

(1934 -   )

Dans la revue *Chemistry in Canada*, on dit de Bertram Oliver Fraser-Reid qu'il est « l'un des chimistes les plus novateurs au Canada[1] ». Avant de justifier ce compliment, esquissons d'abord le portrait de ce chercheur.

Né le 23 février 1934 à Coleyville (Jamaïque), Fraser-Reid, après avoir terminé ses premières études dans son pays d'origine, entra à l'université Queen (Kingston, Ontario) où il passa son baccalauréat ès sciences en 1959 et sa maîtrise en 1961. Il se maria en 1963 à Lillian Lawryniuk. Fraser-Reid obtint son doctorat en chimie à l'université d'Alberta en 1964. Il séjourna deux ans (1964-1966) en Angleterre où, sous la direction de Derek H. Barton, Prix Nobel de chimie en 1969, il poursuivit ses recherches au collège impérial de l'université de Londres. De 1966 à 1980, il travailla pour l'Université de Waterloo. De 1980 à 1982, il occupe le poste de professeur de chimie à l'université du Mary-

[1] *Chemistry in Canada*, vol. 29, no 6, June 1977, p. 32.

land ; puis, à partir de 1982, il enseigne cette même matière à l'université Duke aux États-Unis. Le professorat s'harmonisait très bien avec sa carrière de chercheur. Aujourd'hui, possédant son propre laboratoire (le Natural Products and Glycotechnology Institute) affilié à l'université d'État de la Caroline du Nord, Fraser-Reid dirige des travaux de scientifiques postdoctoraux venus de divers pays. Il participa à plusieurs colloques en Europe (Allemagne, France, Suède, Suisse), en Australie, au Canada, au Japon. À Duke University (Caroline du Nord), il procéda, avec un groupe de chercheurs sous sa direction, à la synthèse de l'oligosaccharide qui est, dit-il, « parmi les importants régulateurs biologiques dans la nature…[2] » L'oligosaccharide est un sucre composé de deux ou plusieurs unités de monosaccharides réunis par des liaisons glucosidiques. Un autre procédé de synthèse fut créé par Fraser-Reid. il s'appelle la « n-pentenyl glycoside strategy[3] ». Cet apport s'avère d'autant plus utile que l'oligosaccharide représente un des éléments de la structure de la cellule humaine et joue un rôle considérable dans l'interaction des cellules.

Fraser-Reid s'est illustré tant au Canada qu'aux États-Unis. De même, il a adhéré à des sociétés savantes œuvrant dans ces deux pays : Chemical Institute of Canada, American Chemical Society, American Institute of Chemistry, British Chemical Society. De nombreuses marques de distinction ont récompensé les travaux de Bertram Oliver Fraser-Reid. En 1977, au Canada, on lui attribua le Prix Merck, Sharpe and Dohme. En 1989, il fut désigné scientifique émérite par l'Alexander Von

[2] Cité par M. C. Nagel dans *Notable Twentieth-Century Scientists*, Vo. 2, New York, Ed. Gale Research inc., 1995, p. 692.

[3] Numéro du brevet : 5.476.924, 19 décembre 1995.

Humboldt Foundation. En 1990, on lui décerna les Prix de la Jamaican National Foundation et de l'American Chemical Society Claude S. Hudson. En 1991, l'organisation nationale des chimistes noirs et des ingénieurs chimistes l'honora du Prix Percy Julian. Au cours des années 1991, 1993, 1995, Fraser-Reid reçut respectivement les décorations suivantes : R.E. Jeffrey Memorial Medal of the New South Wales Chemical Division Society (Sydney, Australie) ; President Medal of Charles R. Drew University of Medecine and Science (Los Angeles, Californie) ; Haworth Memorial Medal and Lectureship of the Royal Society of Chemistry (Royaume-Uni).

ÉLECTRICITÉ

Lewis Howard Latimer

LEWIS HOWARD LATIMER

(1848 - 1928)

Le mérite des savants que nous avons présentés jusqu'ici est d'autant grand qu'ils se sont trouvés souvent confrontés à des difficultés de tous ordres au cours de leur carrière ou qu'ils venaient généralement d'un milieu social modeste. Lewis Howard Latimer se range dans cette catégorie.

Né à Chelsea (Massachusetts) en 1848, Latimer appartient à une famille d'esclaves qui a fui la Virginie pour s'établir à Boston en 1830. Au bout de quelques années, un esclavagiste répondant au nom de James B. Gray se rend dans cette ville et réclame comme sa propriété George Latimer, le père de Lewis H. Latimer. Sans tarder, les abolitionnistes William LLoyd Garrison (un Blanc) et Frederick Douglass se portent à la défense de la famille Latimer. Ainsi a-t-on pu acheter la liberté de George Latimer moyennant quatre cents dollars. Frederick Douglass — il faut le signaler — était un écrivain et un militant noir dont le prestige avait atteint un si haut degré que le président Abraham Lincoln avait demandé à le rencontrer durant la guerre de Sécession (1861-1865). Il fut nommé ambassadeur des États-Unis en Haïti, puis chargé d'affaires en République Dominicaine.

Peu après l'affaire Latimer, l'État du Massachusetts promulgua une loi sur la liberté individuelle interdisant la participation d'agents de la police d'État à la poursuite d'esclaves fugitifs. Très jeune, Lewis H. Latimer a dû commencer à gagner sa vie et à soutenir financièrement sa famille. Il n'avait que dix ans lorsque son père abandonna sa mère avec quatre jeunes enfants. En dehors des heures de classe, Lewis H. Latimer vendait le journal, écrit par William LLoyd Garrison, au titre très évocateur : *The Liberator*, qui visait l'abolition de l'esclavage. À l'âge de seize ans, il s'enrôla dans la marine américaine alors que ses frères s'engagèrent dans les forces armées de terre de « l'Union ». En 1865, il quitta honorablement l'armée et retourna à Boston chercher du travail.

Le talent de Lewis H. Latimer se distinguait par sa polyvalence : il tâtait de la poésie, s'exerçait au dessin et à la peinture. C'est chez Crosby & Gould, une entreprise-conseil en matière d'obtention de brevets, que Latimer a appris à dessiner. Voici les circonstances de son embauche par Crosby & Gould. Cette firme avait besoin d'un employé de bureau doué pour le dessin. Latimer posa sa candidature et celle-ci fut retenue. Vu que les demandes de brevets devaient être accompagnées d'une description de l'invention présentée, Crosby & Gould employaient un certain nombre de dessinateurs. Après avoir consulté de nombreux livres et profité de l'enseignement d'autres dessinateurs, Latimer fut autorisé par son employeur à soumettre quelques dessins. Ses travaux furent si extraordinaires qu'on l'engagea sur-le-champ.

Il passa onze ans chez Crosby & Gould. Alexander Graham Bell, l'inventeur du téléphone, bénéficia également des services de Latimer qui exécuta le dessin de son invention et aida Bell à préparer les descriptions requises en vue de l'acquisition du brevet du téléphone, délivré en 1876. Non seulement Latimer s'était révélé un dessinateur hors pair, mais il réalisa des inventions qui contribuèrent au progrès, notamment dans le domaine de l'électricité. Ses travaux à la compagnie Thomas Edison présentèrent un caractère exceptionnel. Par exemple, Latimer a sensiblement amélioré la lampe à incandescence créée par Thomas Edison en 1879, ce qui inaugura une nouvelle ère de l'électricité aux États-Unis et plus tard dans le monde. L'innovation de Latimer consistait dans la fabrication et le montage des filaments de carbone caractérisant cette lampe.

En septembre 1881, Lewis H. Latimer et Joseph U. Nichols reçurent un brevet pour leur « lampe électrique[1] ». En janvier 1882, Latimer se vit décerner un brevet relatif au procédé de fabrication de filaments de carbone[2]. Les filaments utilisés dans la lampe d'Edison étaient composés d'éléments divers et fonctionnels, mais de plus ou moins bonne qualité. Or, la méthode de Latimer permit la production de filaments de carbone de qualité supérieure et d'une durabilité beaucoup plus grande. Une invention de Latimer attribuée à la Compagnie Edison est celle d'un support de globe pour lampe électrique à arc[3], breveté en 1882. À l'époque de Lati-

---

[1] Numéro du brevet* : 247, 097, 13 septembre 1881.

[2] Numéro du brevet* : 252, 386, 17 juin 1882.

[3] Numéro du brevet* : 255, 212, 21 mars 1882.

mer, les lampes électriques à arc étaient montées en série. Quand une lampe s'éteignait, toutes les autres suivaient. Latimer, lui, plaça ses lampes en parallèle de façon que la panne de l'une d'entre elles ne nuisît en rien au fonctionnement des autres. Il fut chargé de la supervision de l'installation électrique à Philadelphie et même à Montréal où il dut apprendre un peu le français. À l'automne de 1881, Latimer se rendit à Londres afin de mettre sur pied un département de lampes à incandescence pour la Maxim-Weston Electric Light Company. Il y supervisa la production de filaments de carbone. Après avoir travaillé pour l'Olmstead Electric Lighting Company de Brooklyn et l'ACME Electric Light Company de la ville de New York, Latimer devint, à la demande de Thomas Edison, son associé au Département d'ingénierie de la Edison Electric Light Company de la ville de New York. Celle-ci est connue aujourd'hui sous le nom de General Electric Company. En 1890, Latimer publia le premier manuel sur le système d'éclairage électrique aux États-Unis : *Incandescent Electric Lighting. A Practical Description of the Edison System* (New York, D. Van Nostrand Company, 1890). Latimer ne circonscrit pas ses activités au domaine de l'électricité. En effet, il fit breveter un appareil[4] de refroidissement et de désinfection. En 1928, il mourut des suites d'une longue maladie. Une organisation dénommée les Pionniers d'Edison, formée de scientifiques, anciens employés de Thomas Edison, lui rendit un ultime hommage en écrivant à son sujet : « ... sa présence géniale va nous man-

---

[4] Numéro du brevet* : 334, 078, 12 janvier 1886.

* Cité par *The Negro Almanac A Reference Work on the African American,* Fifth Edition, Detroit, London (U.S.A.), Ed. Gale Research inc., 1989, p. 1110.

quer au cours de nos réunions. Latimer était un membre à part entière et très estimé des Edison Pioneers[5] ». Quelques-unes de ses inventions se trouvent exposées au Musée national d'histoire américaine (Smithsonian Institution, Washington, D.C.). En mai 1968, on donna son nom à une école élémentaire de Brooklyn (New York, N.Y.) : The Lewis H. Latimer School.

[5] Louis Harber, *Black Pioneers of Science and Invention,* New York, Ed. Harcourt Brace Jovanovicle, 1970, p. 84.

GRANVILLE T. WOODS

(1856 - 1910)

Du groupe des inventeurs noirs, Granville T. Woods se détache par sa fécondité. On l'a surnommé à juste titre « l'Edison Noir ». Ce trait se rattache au fait qu'il était, pour une large part, un autodidacte.

Né à Columbus (Ohio), le 23 avril 1856, Woods a dû, dès l'âge de dix ans, travailler et n'a pu, par conséquent, achever ses études primaires. Il s'est formé par la lecture de livres sur l'électricité. Aux environs de 1881, avant d'ouvrir sa propre manufacture de téléphone, de télégraphe et d'équipement électrique, Woods entra dans le monde du travail comme pompier dans le Missouri. À cette même époque, il montra de l'intérêt pour l'étude de l'énergie thermique. En 1884, sa demande de brevet pour l'amélioration de l'appareil de chauffage central[1]

[1] Numéro du brevet* : 299, 894, 1884.

* Cité par Vivian Ovelton Sammons dans *Blacks In Science and Medecine,* New York, Washinton, Phila- delphia, London, Ed. Hemisphere Publishing Corporation, 1990, p. 257.

fut approuvée. Vers la fin de cette année, Woods inventa un transmetteur téléphonique confirmé par un brevet[2].

Granville T. Woods

L'avantage offert par cette invention résidait dans sa grande efficacité : les sons émis sont plus distincts et plus puissants. On était à même de communiquer sur une plus longue distance qu'auparavant. Un an plus tard, Woods mit au point un appareil mixte combinant la télégraphie et la téléphonie. Il lui donna le nom de « telegraphony[3] ». Grâce à cet appareil, il n'était plus nécessaire d'être un télégraphiste expérimenté pour envoyer des messages. De même, la connaissance du morse s'avérait inutile. En 1887, Woods inventa un appareil appelé « télégraphie de chemin de fer (*railway tele-*

2 Numéro du brevet * : 308, 817, 2 décembre 1884.

* Cité par Louis Harber dans *Black Pioneers of Science and Invention*, New York, Ed. Harcourt Brace Jovanovicle, 1970, p. 62.

3 Numéro du brevet* : 315,368, 1885.

graphy[4]) ». Il rendait possible la communication entre un train en marche et la gare ou entre les trains eux-mêmes. Fort de ses réalisations, Woods fonda sa propre entreprise, la Woods Electric Company qui dura environ six ans ; puis il se consacra entièrement à d'autres projets d'invention. En 1896, Granville Woods fabriqua un rhéostat[5] remplaçant celui qu'on utilisait au théâtre pour éteindre graduellement les lumières. L'ancien appareil présentait des défauts : surchauffe de sa résistance, perte d'énergie électrique sous forme de chaleur ; les théâtres étaient loin d'être à l'abri d'incendies. Au contraire, outre son efficacité, le rhéostat de Woods se caractérisait par sa fiabilité. De plus, il permettait d'économiser 40 % d'énergie. En janvier 1901, un brevet lui fut octroyé pour sa réalisation baptisée « troisième rail » *(third rail)*[6]. Le métro de la plupart des grandes villes, celui de New York par exemple, l'utilise encore. En gros, Woods procéda de la façon suivante. Il installa parallèlement une série de conducteurs d'électricité tout le long de la voie ferrée, des collecteurs électriques établissant le contact entre le train et les conducteurs fixés au sol. On contrôlait l'électricité au moyen de commutateurs électromagnétiques reliés auxdits conducteurs et à la source

---

[4] Numéro du brevet* : 373,383, 15 novembre 1887.

* Cité par Aaron Klein dans *The Hidden Contributors : Black Scientifsts and Inventors in America*, New York, Ed. Doubleday and Company, 1971, p. 70 et 75.

[5] Numéro du brevet* : 569, 443, 13 octobre 1896.

* Cité par Louis Harber dans *Black Pioneers of Science and Invention*, New York, Ed. Harcourt Brace Jovanovicle, 1970, p. 67.

[6] Numéro de brevet* : 667, 110, 9 janvier 1901.

* Cité par Aaron Klein dans *The Hidden Contributors : Black Scientifsts and Inventors in America*, New York, Ed. Doubleday and Company, 1971, p. 69.

d'alimentation. Woods a vendu son invention à la General Electric Company de New York en 1901. Les années 1902, 1903, 1905 représentent des périodes de recherches intenses qui l'ont amené à la création d'un frein automatique à air comprimé que la Westinghouse Air Brake Company de Pennsylvanie a acheté. À cette invention s'en ajoutent plusieurs autres tels un frein électromécanique (1887), un interrupteur automatique de circuits électriques[7] (1889), une couveuse artificielle (1890).

La plupart des biographes de Granville T. Woods comme Louis Harber, Vivian Ovelton Sammons s'accordent pour dire qu'il détint une soixantaine de brevets émis par l'Office des brevets des États-Unis. Si Granville T. Woods n'a pas reçu, à notre connaissance, de prix officiels récompensant son apport au développement de la technique, il semble évident qu'il a été incontestablement reconnu. La vente, à l'American Bell Telephone Company de Boston, d'une de ses inventions, la « telegraphony », ne confirme-t-elle pas son talent ? Signalons finalement que Granville T. Woods[8] l'a emporté, par deux fois devant les tribunaux, sur le célèbre Thomas A. Edison qui lui contestait ses droits à des inventions relatives à l'électricité.

---

[7] Numéro du brevet* : 438, 590, 14 octobre 1889.

* Cité par *The Negro Almanac A Reference Work on the African American,* Fifth Edition, Detroit, London (U.S.A.), Ed. Gale Research inc., 1989, p. 1114.

[8] Voir Vivian Ovelton Sammons, *Blacks In Science and Medecine*, New York, Washington, Philadelphia, London, Ed. Hemisphere Publishing Corporation, 1990, p. 257.

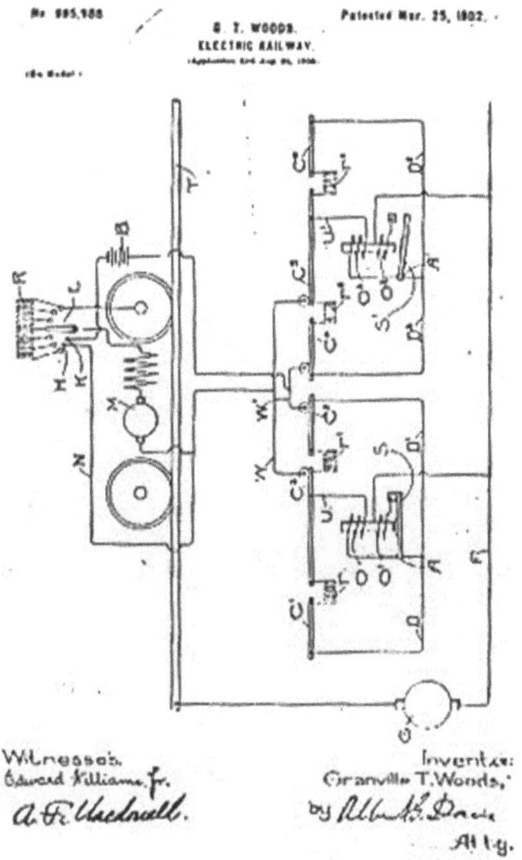

La voie ferrée électrifiée de Granville T. Woods

ÉLECTRONIQUE

OTIS BOYKIN

(1920 - 1982)

Les recherches de pointe dans cette partie de la physique qu'est l'électronique semblent relativement récentes. Pourtant l'application de leurs résultats exerce une influence énorme sur la vie quotidienne contemporaine. Nous pensons en particulier à celle de la télévision, de l'ordinateur. L'un des électroniciens noirs distingués de notre époque se nomme Otis Boykin.

Né à Dallas (Texas) en 1920, Boykin a étudié à l'université de Fisk et à l'Institut de technologie d'Illinois. À la fin de sa formation, il fut embauché par la Majestic Radio of TV Corporation, à Chicago. Plus tard, il entra comme ingénieur aux P.J. Nilsen Research Labs of Oak Park. À titre de consultant en électronique, Boykin a travaillé pour de nombreuses firmes américaines, européennes et notamment françaises. On lui doit plusieurs inventions. L'une des plus remarquables est un régulateur pour stimulateur cardiaque *(pacemaker)*. Boykin a aussi mis au point un filtre à air. Il importe de mentionner également deux autres inventions de Boykin. Il s'agit d'un type spécial de résistance qu'on utilise dans les postes de radio, les téléviseurs, les ordinateurs, et d'un composant électronique qu'on trouve dans les missiles guidés et les ordinateurs d'IBM.

Otis Boykin faisait partie des sociétés scientifiques suivantes : American Association for the Advancement of the Sciences, International Society for Hybrid Microelectronics, Chicago physics Club. Il mourut terrassé par une crise cardiaque en 1982. L'Old Pros Unlimited Club l'honora en lui décernant le Cultural Science Achievement Award.

PHILIP EMEAGWALI

(1954 -)

Avant de présenter ce scientifique, il convient de faire une brève mise au point sur l'Afrique par le rappel de quelques généralités. Car trop souvent on a une forte tendance à limiter l'histoire de ce continent à la période de la traite négrière. C'est ce qui, en partie peut-être, porta Amadou Mahtar M'Bow, ancien directeur de l'UNESCO, à écrire : « Longtemps, mythes et préjugés de toutes sortes ont caché au monde l'histoire réelle de l'Afrique. Les sociétés africaines passaient pour des sociétés qui ne pouvaient avoir d'histoire[1]. » Grâce à l'archéologie moderne, nous savons que l'Afrique ancienne recelait des trésors culturels d'une valeur considérable. Les recherches paléontologiques actuelles ont permis, d'après des spécialistes comme Yves Coppens, Brigitte Senut, Martin Pickford, d'attester les origines africaines de l'homme. Berceau de l'humanité, l'Afrique

---

[1] Amadou Mahtar M'Bow, *Histoire générale de l'Afrique I, Méthodologie et préhistoire africaine*, Paris, Ed. Jeune Afrique/Stock/UNESCO, 1980, p. 9.

a connu l'utilisation des métaux (le cuivre, le fer et leurs alliages) plusieurs centaines d'années avant Jésus-Christ. Des découvertes au Niger, au Nigéria, au Cameroun, au Gabon, au Congo, au Zaïre, au Burundi, au Rwanda ont confirmé ce fait. De même, des investigations récentes ont fourni la preuve de la fabrication, en Afrique de l'Ouest, de longues et étroites bandes de tissus en coton qui remontent aux Xe et XIe siècles de notre ère. Outre l'Égypte, d'autres peuples africains possédèrent leur propre système d'écriture bien que la tradition orale jouât un rôle primordial dans les sociétés africaines. « Quant à la contribution des Noirs au mouvement de l'histoire universelle, a écrit l'historien Joseph Ki-Zerbo, qu'il nous suffise de citer les inventions techniques africaines du Paléolithique, la place de l'or et des négociants du Soudan dans le commerce eurasiatique du Moyen âge, la participation du capital-travail nègre à l'essor de la révolution industrielle et le rôle planétaire joué par les Afro-Américains dans la formation artistique depuis plus d'un demi-siècle[2].»

L'Afrique occupe, en superficie, le deuxième rang, après l'Asie, parmi les continents de notre planète. Elle représente l'un des endroits les plus riches du globe. On évalue à 40 % du total mondial son potentiel d'énergie hydraulique. Ses ressources minières abondent : l'or, le diamant, la bauxite, l'uranium, le cobalt, le fer, le phosphate, etc. Ces richesses fabuleuses de l'Afrique continuent d'attirer les entreprises transnationales dont le principal souci est de s'assurer le contrôle du continent. À l'instar de la plupart des pays du Tiers-Monde, l'Afrique a vécu ce qu'on appelle l'exode des cerveaux.

[2] Joseph Ki-Zerbo, *Histoire de l'Afrique D'Hier à Demain* Paris, Éd. Hatier, 1972, p. 13

Ainsi nombre de ses scientifiques travaillent-ils en Occident, notamment aux États-Unis. Parmi eux se distinguent Cheick Modibo Diarra, Philip Emeagwali.

Né en 1954, au Nigéria, pays le plus peuplé d'Afrique et grand producteur de pétrole, Philip Emeagwali dut abandonner ses études secondaires pour des raisons financières. Il réussit à les achever grâce au concours de son père qui lui enseignait le soir. À l'âge de dix-sept ans, il bénéficia d'une bourse d'admission à l'université d'État de l'Oregon où il fut reçu bachelier en mathématiques en 1977. L'Université George Washington lui décerna en 1981 une maîtrise en génie civil. Diplômé en mathématiques appliquées, en 1986, de l'université du Maryland, Philip Emeagwali obtint un doctorat en informatique de l'université du Michigan en 1994. Sa formation multidisciplinaire explique les différentes fonctions qu'il occupa. À titre d'ingénieur civil, Emeagwali travailla pour l'État du Maryland. Cependant, c'est en informatique qu'il va donner sa mesure. Se consacrant à la recherche appliquée, il offre des services de consultant à des firmes américaines et sa contribution à la science se révèle importante. Il créa en effet des logiciels capables de résoudre des problèmes jugés jusque-là insolubles. La structure informatique qu'il élabora permit à 65 000 processeurs fonctionnant simultanément d'exécuter un nombre phénoménal de calculs en un laps de temps extrêmement court. Cette performance n'avait jamais été réalisée auparavant. Emeagwali a également inventé une technique de récupération de pétrole par l'élimination des fuites dans les réservoirs. S'appuyant sur des calculs électroniques, ce procédé fut largement utilisé par l'industrie pétrolière qui en tira des avantages économiques certains.

Parallèlement à ses recherches, Emeagwali se donna un rôle d'éducateur. Sur invitation, il fit des visites dans des écoles, s'entretint avec les élèves afin de les encourager à s'orienter vers les sciences. Deux exemples : Garfield Park East Elementary School (Philadelphia); Martin Luther King Jr Elementary School (Alabama). Au sujet de ses travaux, Emeagwali accorda plusieurs entrevues aux médias : la Voix de l'Amérique, BBC Radio's, PBS Futures TV Series, *The Africa Journal.* Les réalisations scientifiques et techniques d'Emeagwali eurent beaucoup d'échos. Non seulement on le mentionna dans des ouvrages collectifs comme *Who's Who in America*, *Who's Who in the world*, le magazine *Ebony*, mais Philip Emeagwali fut l'objet de grandes distinctions. En 1997, il reçut le Prix national de la République du Nigéria. En 1991, la Société nationale des ingénieurs noirs des États-Unis l'honora en le proclamant scientifique de l'année. La National Technical Association de ce pays lui conféra le titre d'informaticien de l'année 1993. À ces témoignages de reconnaissance, nous devons ajouter l'obtention, par Emeagwali, en 1989, du Gordon Bell Prize de l'Institute of Electrical and Electronics Engineers. Dans le domaine de l'informatique, on considère ce prix comme la plus haute distinction qu'un savant puisse se voir octroyer et l'on va même jusqu'à le comparer au Prix Nobel.

MARC R. HANNAH

(1956 -)

Parvenu à l'âge adulte, Marc Regis Hannah se souvenait du conseil éclairé de sa mère qu'il a scrupuleusement suivi : « Une bonne éducation est la clé de la réussite.» Sa carrière d'informaticien le confirme parfaitement.

Né en 1956 à Chicago, Hannah obtint de la Compagnie AT&T une bourse qui lui facilita son admission à l'Institut de technologie d'Illinois. En 1977, il en a reçu son diplôme d'ingénieur électricien. Il poursuivit ses études à Stanford University où il a acquis en 1978 sa maîtrise et son doctorat en 1985. Mais sa rencontre avec le professeur James Clark fut déterminante pour son avenir de scientifique. Ce dernier avait inventé une puce électronique spéciale qui rendait possible la présentation d'une image en trois dimensions. Marc R. Hannah reprit la puce, l'améliora et quintupla sa performance. Cette prouesse impressionna Clark à un point tel qu'il proposa à Marc R. Hannah de créer en partenariat une entreprise. Ils rallièrent quatre autres scientifiques. Ainsi fondèrent-ils la Silicon Graphics Incorporated (SGI). Cette compagnie se spécialisa en infographie et désigna Hannah comme « le principal scientifique» du groupe. Les champs d'application de ses travaux étaient variés : film d'animation, effets spéciaux au cinéma par exemple. Les films Star Wars, Terminator 2, Jurassic Park ne purent se réaliser qu'en prenant appui sur les inventions de Marc R. Hannah. En médecine, on les utilise dans l'analyse des gènes. Les Compagnies aériennes les mettent aussi à profit pour la formation des pilotes. L'armée américaine achète des équipements de Silicon Graphics afin de perfectionner les séances d'entraînement par des simulations visuelles. L'industrie automobile enrichit leurs designs grâce aux inventions de Hannah. De 1987 à 1998, celui-ci a accumulé neuf brevets délivrés par le United States Patent and Trademark Office (OSPTO). La Compagnie SGI a connu une expansion internationale. On trouve des filiales dans plusieurs pays : Canada, Irlande, France, Angleterre.

Il est utile de souligner que Silicon Graphics Incorporated compte parmi ses clients les plus importants Boeing Aircraft et Bayerisch Motoren Worke (BMW). En 1987, Marc R. Hannah fut honoré de deux prix : celui de l'Institut de technologie d'Illinois et celui de la National Technical Association. Hannah siège au Conseil de l'École de Design de l'Institut d'Illinois. Notons enfin que Marc R. Hannah est membre de plusieurs corps professionnels comme l'Association for Computing Machinery, l'Institute of Electrical and Electronic Engineers (IEEE) et le Northern California Council of Black Professional Engineers.

MARK DEAN

(1957-)

Si nos ordinateurs sont aujourd'hui multifonctionnels, c'est en grande partie grâce aux travaux du Dr Mark Dean. Né en 1957, dans la ville de Jefferson au Tennessee, il brillait déjà en mathématiques dès la période de ses classes élémentaires. Bachelier en génie électronique de l'université du Tennessee en 1979, il passa en 1982 sa maîtrise dans cette discipline à l'université de la Floride Atlantique. Puis en 1992, il obtint son doctorat de l'université Stanford. Mark Dean travaille pour la très réputée Société américaine IBM depuis plusieurs années. D'abord à titre d'ingénieur, ensuite comme directeur de recherche. Il fit paraître, seul ou en collaboration avec des collègues, un certain nombre d'articles dans la revue scientifique intitulée : « IBM Technical Disclosure Bulletin ». Voici deux de ses études : « Processor Shutdown Circuit », août 1984, p.1691 ; « Integrated Input/Output Support Circuitry for use with 80296/80386 Microprocessors », juillet 1989, p.205-216. La plupart des textes de conférences de Mark Dean sont publiés par les Presses MIT (Massachusetts Institute of Technology) et l'IEEE (Institute of Electrical and Electronics Engineers).

Les travaux que le Dr Mark Dean menait ou dirigeait ont conduit à l'obtention de plus d'une trentaine de brevets. Cependant, nous tenons à attirer l'attention sur une de ses inventions réalisée avec le concours de Dennis L. Modler. Il s'agissait de la création d'une architecture appelée « Industry Standard Architecture, ISA system bus[1] ». Cette invention a permis l'utilisation des périphériques que nous connaissons jusqu'à présent : modem, imprimante, scanneur, disquette, terminal, etc.

Elle a considérablement élargi le champ des fonctions de l'ordinateur sur le plan technique et sur celui de son application dans les domaines administratif, industriel, social. On doit porter à l'actif de Mark Dean le fait que l'équipe de chercheurs confiée à sa direction a mis au point un processeur qui constitue le composant de base des micro-ordinateurs et des ordinateurs individuels (PC). D'après Pierre Morvan, « le terme de Personal Computer (PC) a été lancé par IBM au début des années 80, créant ainsi le standard PC[2]. » L'usage de ce type d'ordinateur, comme on le sait, est de plus en plus répandu.

Les inventions et les recherches du Dr Mark Dean ont manifestement contribué à l'avancée de l'informatique. En témoignent les honneurs que lui rendent la plupart des institutions scientifiques américaines. Membre de l'Académie de technologie d'IBM, Mark Dean devint, en 1995, membre de cette Compagnie. En

---

[1] Numéro du brevet : 4528626, juillet 1985.

[2] Pierre Morvan (sous la direction de), *Dictionnaire de l'informatique Acteurs Concepts réseaux*, Paris, Éd. Larousse, 2000, p. 174.

1997, il entra au Panthéon des inventeurs américains. À deux reprises (en 1997 et 2000), on le nomma ingénieur de l'année. Aussi faut-il ajouter que Mark Dean fut admis à l'Académie nationale de génie des États-Unis. Le 12 avril 2005, l'Université du Tennessee où il avait reçu en partie sa formation organisa en son honneur un banquet au cours duquel le Prix Dougherty lui fut remis.

JACQUES BONJAWO

(1960 -)

Ingénieur informaticien formé en France, Jacques Bonjawo naquit à Yaoundé (Cameroun) en 1960. Il est diplômé en finances (MBA) de l'université George Washington. À la fin de ses études, il fut embauché par la Compagnie hollandaise Philips.

En 1989, le voilà aux États-Unis où il travaillait comme chef de projet pour la Société Pricewaterhouse-coopers. C'est à ce même titre qu'il entra chez Microsoft en 1997. Il y restera jusqu'en 2006. Après son départ volontaire, il servira de consultant à cette multinationale.

En tant qu'ingénieur, Bonjawo s'occupa de la conception, de la fabrication de logiciels et deviendra ce qu'on appelle un « senior manager» qui se trouvera en liaison directe avec Bill Gates. Celui-ci le chargea de lancer, en Afrique en 2003, le programme Microsoft couvrant plus d'une quarantaine de pays. Sollicité par la Banque mondiale et fort de l'appui de Bill Gates, Jacques Bonjawo a contribué à l'instauration de l'Université virtuelle africaine (UVA). Cette institution donne un enseignement par Internet et par satellite. Il en fut le premier président en 2002.

Jacques Bonjawo a exprimé un souhait légitime : « Les Africains doivent devenir eux aussi des producteurs de logiciels et pas seulement des consommateurs.» Il nous semble que toutes ses démarches vont dans le sens de cet idéal. Il a en effet fondé au Cameroun « l'Ocean innovation Center» établi à Kribi. Président-directeur-général de Genesis Futuristic technologies, une entreprise spécialisée dans le développement de logiciels et la prestation de services informatiques, Bonjawo est convaincu que le développement de l'Afrique passe nécessairement par l'appropriation par ce continent des technologies de l'information et de la communication (TIC). Ses publications dans leur ensemble soutiennent cette thèse.

En 2009, il créa dans son pays une société dénommée Cameroun Genesis Telecare qui fournit de l'aide médicale destinée surtout aux régions rurales.

La plupart des grands médias (RFI, AFP, BBC, Associated Press) ont octroyé une large audience à Jacques Bonjawo. Ce qui a permis non seulement de découvrir le scientifique, mais aussi le panafricaniste. Ses travaux lui ont valu bien des honneurs. En 2003, il a reçu le Prix Bill Gates pour sa contribution à l'histoire de Microsoft. En 2003 et 2006, il remplit la fonction de président de jury pour le Prix RFI-Net Afrique qui récompense des sites Internet construits par des Africains et offrant un caractère novateur. En 2011, les Nations unies en collaboration avec le gouvernement finlandais lui ont décerné le prix TIGA (Technology in Government Award) pour son apport à la technologie et à la télémédecine. Il est intéressant de noter que Jacques Bonjawo fait partie, avec Joël de Rosnay, des douze experts internationaux de l'Observatoire Net Explo qui, chaque année, procède, à l'UNESCO, à la sélection d'innovations technologiques à travers le monde et les reconnaît par l'attribution officielle d'un prix.

VICTOR AGBÉGNÉNOU

(1965? -)

Né au Togo, État de l'Afrique occidentale situé entre le Bénin et le Ghana, Victor Agbégnénou est avant tout médecin vétérinaire. Diplômé de l'Académie de Moscou et de l'École nationale vétérinaire de Maisons-Alfort (France), il s'intéressait passionnément à l'informatique. Il dirige la société Ka-Technologies dont le siège social se trouve à Paris.

C'est dans cette ville que Victor Agbégnénou a durant dix ans mené des recherches qui le conduisaient à l'invention du PWCS. L'informatique qui a profondément marqué notre époque ne cesse d'évoluer de façon fulgurante. Chacune de ses innovations soulève l'étonnement et l'enthousiasme.

Le PWCS (Polyvalent Wireless Communication Systems) d'Agbégnénou sensible à la question du développement de l'Afrique pourrait s'y implanter à peu de frais. De quoi s'agit-il précisément ? Technologie de pointe, le PWCS est un système informatique de communication qui permet de fournir les services de téléphonie, d'Internet, et de télévision sans usage de câblage. Il offre de nombreux avantages tant du point de vue technique que sur le plan économique. Son installation par exemple est plutôt simple à comparer à celle de la fibre optique et entraîne des coûts beaucoup moins élevés. Ses lieux d'application sont d'une variété fabuleuse : pays, villes, villages, écoles, hôpitaux, immeubles, bureaux, etc. On doit signaler que des essais de validation qui s'étaient déroulés en France, au Togo, au Sénégal, au Nigéria, au Burkina Faso, se révélèrent concluants. Pour son invention, Victor Agbégnénou a obtenu de l'Organisation mondiale de la propriété intellectuelle (OMPI) un brevet publié le 24 avril 2003 et portant le numéro WO03/034668A1.

Il a mis au point un cartable électronique en relation avec son système polyvalent de communication sans fil. Il fut testé avec succès dans trois classes d'Auger-Saint-Vincent dans l'Oise en France. Des petits élèves français avaient chacun leur cartable et l'institutrice le sien. Tous les cartables étaient interconnectés. L'institutrice pouvait donner des directives, soumettre des problèmes, corriger les réponses, se rendre compte en temps réel des besoins de ses élèves et intervenir à partir de son cartable pour assister ceux qui éprouvaient des difficultés. Muni de batterie, le cartable numérique peut également fonctionner à l'énergie solaire. On comprend aisément que les inventions d'Agbégnénou sont parfaitement adaptées au continent africain. Mais l'épineux problème qui le préoccupe réside dans le processus de leur industrialisation. Car cela implique l'investissement de capitaux considérables.

Nous savons que faute de moyens financiers, plusieurs inventeurs noirs comme Granville Woods, Garrett A. Morgan durent vendre leur droit d'auteur à de grandes Compagnies (American Bell Telephone Compagny, General Electric Corporation). Victor Agbégnénou, soucieux de servir l'Afrique a jusqu'ici, à notre connaissance, décliné des offres suisses et américaines. Une telle attitude lui fait honneur. Les médias traditionnels (RFI, Africa 24, RTL…) et les réseaux sociaux ont souligné avec engouement l'importance de ses travaux. Nous pensons que les dirigeants africains – surtout ceux de l'Afrique subsaharienne – ont la responsabilité morale d'appuyer financièrement le projet de Victor Agbégnénou. Ils doivent se débarrasser de leur complexe, mettre au rancart leurs intérêts personnels, résister aux pressions extérieures et manifester courageusement une solidarité continentale en vue du développement de leur pays.

MÉDECINE

Daniel Hale Williams

DANIEL HALE WILLIAMS

(1856 - 1931)

Parmi les nombreux Noirs qui ont marqué l'histoire de la médecine figure le Dr Daniel H. Williams. Il naquit en 1856 à Hollidaysburg (Pennsylvania). Il était le cinquième d'une famille de sept enfants. Son père étant mort à quarante-sept ans, Williams commença à gagner sa vie dès l'âge de dix ans. Il travailla à Baltimore dans une cordonnerie, puis il apprit le métier de coiffeur et ouvrit à Edgerton (Wisconsin) son propre salon. Il emménage ensuite avec sa sœur Sally à Janesville où il parvient à trouver un emploi chez le coiffeur Harry Anderson. Mais tout cela ne répondait pas à son rêve de devenir chirurgien. Ses études secondaires terminées, Williams s'adresse à un chirurgien réputé de Janesville : le Dr Henry Palmer dont le concours lui sera précieux. Âgé de vingt-deux ans, Williams étudie sous la direction du Dr Palmer et lit beaucoup de livres de médecine. En fait, il accomplit deux années de stage à la clinique de ce chirurgien. Précisons qu'à cette époque, très peu de médecins acquéraient leur formation dans une école traditionnelle formelle. Et même dans ce cas, la durée des études ne dépassait pas dix-huit mois.

En 1880, Daniel H. Williams fut admis au Chicago Medical College devenu par la suite la Northwestern University Medical School. Diplômé en 1883, il ouvrit, sans plus tarder, sa clinique privée. Avant d'évoquer les prouesses chirurgicales du Dr Williams, qui constitue une première mondiale, il serait utile de rappeler brièvement l'état des connaissances médicales de son temps. De la Renaissance au début du XIXe siècle, la pratique chirurgicale était très limitée. N'ayant pas une connaissance exacte des maladies auxquelles ils s'attaquaient, les chirurgiens se cantonnaient à certaines opérations : les hernies, les tumeurs cutanées, les plaies, les fractures. À cette époque, on attribuait encore aux maladies une origine démoniaque ou mystérieuse. Il ne fallut pas moins de trois découvertes marquantes pour transformer l'exercice de la chirurgie : l'anesthésie découverte en 1846 par deux dentistes américains Horace Wells et Morton, l'antisepsie (1867) et l'asepsie (1886). Ces derniers apports furent l'œuvre de deux savants qui imprimèrent une impulsion décisive à la science. Ils se nomment Louis Pasteur (France) et Joseph Lister (Angleterre). Pasteur avait montré entre autres que la « génération spontanée » des microbes n'existait pas, que l'air atmosphérique véhiculait des germes infectieux. Lister, s'appuyant sur les travaux de Pasteur, inventa l'antisepsie, méthode servant à empêcher l'irruption des microbes dans l'organisme. À partir de 1886, Pasteur mit au point une autre technique, l'asepsie qui diffère de l'antisepsie en ce sens qu'elle préconise l'emploi d'instruments, de bandages, d'éponges, de fils de suture préalablement stérilisés par la chaleur. Le 9 juillet 1893, fort de ces connaissances tout à fait nouvelles, le Dr Daniel H. Williams sauva la vie à un jeune homme,

James Cornish poignardé au cours d'une rixe. Celui-ci perdait du sang : l'arme avait pénétré dans la poitrine et atteint le péricarde. Transporté au Provident Hospital, James Cornish s'affaiblissait de plus en plus. Notons que la radiographie, de même que la transfusion sanguine, était jusque-là inconnue. Assisté de six médecins, le Dr Daniel H. Williams ouvrit la cage thoracique du patient, cousit le péricarde et jugea bon de ne pas suturer le cœur. C'était la première fois qu'un chirurgien pratiquait ce genre d'opération. Sauvé, James Cornish vécut jusqu'à l'âge de cinquante ans. Le journal de Chicago, *Daily Inter-Ocean*[1], titrait : « Sewed up His Heart » (il cousit son cœur). Ainsi, le Dr Daniel H. Williams fut considéré comme le premier chirurgien au monde à effectuer une opération à cœur ouvert. Tout en pratiquant, le Dr Daniel H. Williams s'intéressait aux questions politiques et sociales. Membre très écouté de l'Equal Rights League, il plaida un peu partout en faveur de la fondation d'un hôpital dirigé par des Noirs. Il finit par rallier bon nombre de gens à sa cause : Noirs et Blancs, pauvres et riches. Et en mai 1891 fut créé le premier hôpital multiracial aux États-Unis. Il s'agit du Provident Hospital dont le personnel était composé de médecins soigneusement choisis sur la base de leur niveau de qualification. Le Dr William a donc facilité l'initiation de jeunes Noires à la profession d'infirmière en leur donnant accès à des stages dans le nouvel hôpital.

Daniel H. Williams était connu tant pour son action sociale que pour son talent de chirurgien. La preuve en est que les Universités de John Hopkins, de Pennsylva-

[1] Cité par Louis Harber dans *Black Pioneers of Science and Invention*, New York, Ed. Harcourt Brace Jovanovicle, 1970, p. 188.

nie, envoyèrent des médecins assister à ses interventions chirurgicales. Le Dr Williams fut l'un des membres fondateurs de la National Medical Association. En 1908, à l'occasion de son vingt-cinquième anniversaire d'exercice professionnel, des médecins noirs venus de tous les coins des États-Unis offrirent au Dr Williams, au cours d'un banquet, une coupe en argent sur laquelle étaient gravés les noms de trente-sept médecins (de race blanche et de race noire) de Chicago.

À sa mort survenue le 4 août 1931 et conformément à ses dernières volontés, on fit don de sa bibliothèque au Mercy Hospital de Philadelphie. Il avait laissé une somme d'argent qui devait être partagée (toujours selon ses instructions) entre les institutions suivantes : YWCA, Meharry and Howard Medical Schools, National Association for the Advancement of Colored People (NAACP). Comme George W. Carver, le Dr Daniel Hale Williams fut un brillant scientifique doublé d'un admirable philanthrope.

WILLIAM A. HINTON

(1883 - 1959)

Le Dr William Augustus Hinton naquit le 15 décembre 1883 à Chicago. Après avoir obtenu son baccalauréat ès sciences à Harvard University en 1905, il fut reçu médecin en 1912 au Harvard Medical College. Directeur du Wasserman Laboratory (Massachusetts Department of Public Health) en 1915, Hinton occupa d'autres postes aussi importants par la suite. Pathologiste et directeur de recherche au Boston Dispensary, le Dr Hinton est le premier Noir à avoir professé à l'École de médecine de Harvard (Harvard Medical School). Il y enseigna la bactériologie trente-six ans durant. Hinton était très conscient des problèmes sociaux de son milieu. Au Boston Dispensary, il donna des cours de techniques médicales à des jeunes filles défavorisées. À cet égard, ce centre représenta l'une des premières institutions de formation en techniques médicales.

Le Dr Hinton doit son renom surtout à ses travaux sur la syphilis : il a élaboré un test de dépistage de cette maladie vénérienne. On l'appelle le « Hinton test for syphilis ». Il collabora avec le Dr J. A. Davies et réussit à perfectionner le test en question qui prit le nom de « Davies-Hinton test ». William A. Hinton fut l'auteur du premier manuel de médecine publié par un Noir aux États-Unis. Paru à New York, aux Éditions Macmillan, en 1936, ce livre de 321 pages s'intitule *Syphilis and Its Treatment.* Le Dr Hinton mourut en 1959 à Canton (Massachusetts).

On le cite dans plusieurs ouvrages collectifs : *Dictionary of American Negro Biography, History of the Negroes in Medicine, Encyclopedia of Black America, Dictionary of American Medical Biography.* Selon Vivian Ovelton Sammons[1], le Dr Hinton aurait refusé la médaille Spingarn de la NAACP en arguant qu'il voudrait que ses recherches soient reconnues pour leur valeur et non pour la couleur de son épiderme. Quelques années après la mort du Dr Hinton, on donna son nom au laboratoire de sérologie du département de santé publique de l'État du Massachusetts.

[1] Vivian Ovelton Sammons, *Blacks In Science and Medecine*, New York, Washington, Philadelphia, London, Ed. Hemisphere Publishing Corporation, 1990, p. 121.

LOUIS TOMPKINS WRIGHT

(1891 - 1952)

Qu'un scientifique possède des qualités de militant politique n'est point monnaie courante. Car les avantages sociaux que procurent certaines professions libérales émoussent souvent, sinon tuent tout sentiment d'altruisme ou de générosité. Le Dr Louis T. Wright, qui se fit connaître comme un médecin chevronné et un farouche défenseur de l'égalité raciale aux États-Unis, se distingua par là de la plupart de ses collègues. Très jeune, Wright protesta contre un film jugé raciste, intitulé *The Birth of a Nation* de D. W. Griffith. En 1937, il appuya le Negro People's Committee visant à soutenir la lutte contre le fascisme en Espagne. Tout au long de sa carrière, il s'est toujours voué au bien-être et à la santé des Noirs Américains. Mais son militantisme n'a jamais entravé ses recherches médicales. Avant de développer ce dernier point, procédons succinctement au relevé de son itinéraire biographique.

Louis T. Wright naquit en 1891 à La Grange (Georgie), obtint en 1911 son baccalauréat au Clark College

(Atlanta) et son doctorat à l'école de médecine de Harvard University en 1915. Il servit de 1917 à 1918 dans le corps médical de l'armée américaine, ce qui l'amena à séjourner en France. Directeur du département de chirurgie de l'hôpital de Harlem de 1928 à 1939, le Dr

Louis Tompkins Wright

Louis T. Wright fut responsable de l'intégration raciale dans ce même hôpital de 1943 à 1952, année de sa mort. On doit mettre à son actif la création, à l'hôpital de Harlem, du centre de recherche sur le cancer. Dans cet ordre d'idées, le Dr Louis T. Wright s'est bien illustré par ses travaux scientifiques. Outre les nombreux articles qu'il a publiés sur la terramycine et l'auréomycine (des antibiotiques), il a innové du point de vue des techniques chirurgicales : il inventa par exemple un collet encore en usage aujourd'hui pour les fractures cervicales. Louis T. Wright créa une méthode de vaccination intradermique contre la petite vérole. Sa technique atténuait les effets secondaires indésirables. Pour la première fois, lui et l'équipe qu'il dirigeait eurent recours avec succès à l'auréomycine pour le traitement de maladies vénériennes. Les réalisations scientifiques du Dr Wright lui ont assuré un rayonnement imposant dans le monde médical.

En 1934, il fut admis comme membre à l'American College of Surgeons. Le Dr Daniel Hale Williams a été le seul médecin noir à faire partie de cette institution durant vingt et un ans. Récipiendaire, en 1940, de la médaille Spingarn, distinction fondée à la mémoire de son créateur, le Dr Louis T. Wright était membre de la New York Surgical Society et de l'International College of Surgeons. Environ six mois avant sa mort, un dîner fut offert en son honneur. Au cours de cette manifestation, madame Eleanor Roosevelt, la femme du président Franklin D. Roosevelt, nommait les orateurs chargés de faire l'éloge du Dr Wright pour ses exploits sur le plan médical et des droits civiques. Plusieurs édifices publics portent son nom : Louis T. Wright Medical Library de l'hôpital de Harlem, Louis T. Wright Surgical Building, à ce même hôpital. En 1976, on attribua son nom à une école de ce quartier de New York.

Charles Richard Drew

CHARLES RICHARD DREW

(1904 - 1950)

En dépit de ses qualités remarquables de sportif, Charles R. Drew s'est plutôt réalisé dans le domaine médical.

Né en 1904 dans le ghetto de Washington, D.C., Charles R. Drew était l'aîné d'une famille de cinq enfants. Son père était poseur de tapis et sa mère, institutrice. La précarité de la situation financière de la famille poussa Drew, alors âgé de douze ans, à aider ses parents en vendant des journaux. Il acheva ses études à la Stevens Elementary School en 1918 et fut diplômé de la Dunbar High School en 1922. Cette même année, il entra au Collège d'Amherst où il excella en football américain. Il devint la vedette de son équipe et on lui décerna le trophée Howard Hill Mossman destiné à récompenser les efforts de quiconque, au collège, avait manifesté le plus de talent en athlétisme. Mais Drew caressait un autre rêve : celui d'être médecin.

Frais émoulu du collège d'Amherst, il travailla deux ans (1926-1928) au Morgan State College comme directeur d'athlétisme et professeur de biologie. Ayant été refusé par l'école de médecine de Howard University, il s'adressa à l'Université McGill, à Montréal, qui l'accepta. Il ne manqua pas d'y attirer l'attention. Son professeur d'anatomie, M. John Beattie, suscita son intérêt pour le problème de la transfusion sanguine. Cependant, au bout de trois ans, Charles R. Drew commença à éprouver des difficultés financières. Boursier de la Julius Rosenwald Foundation, il parvint à terminer ses études. Il sortit second de sa classe de cent trente-sept étudiants. Il passa un an comme interne à l'hôpital général de Montréal (Québec). Durant son séjour à Montréal, il continua toujours à collaborer avec le professeur britannique John Beattie.

En 1935, il retourna à l'école de médecine de Howard University pour enseigner la pathologie. En 1940, il obtint son doctorat en médecine à l'université Columbia. Sa thèse a pour titre : « Banked Blood : A study in Blood Preservation ». Cette étude est décrite par le Dr Scudder, spécialiste en la matière, comme « un travail monumental et un guide pour la création des banques du sang[1] ». Il faut dire que si Charles R. Drew a pu mener à bien ses recherches sur le sang, c'est grâce à une bourse que lui avait octroyée le Conseil général de l'Éducation de la Fondation Rockefeller.

Pour mieux faire ressortir l'importance de l'apport du Dr Charles R. Drew à l'avancement de la recherche sur le sang, il convient de brosser, même à grands traits, le tableau des connaissances dans ce domaine en ce temps. Dans la première moitié du XXe siècle, la science, malgré des progrès remarquables, n'avait pas pénétré tous

[1] Louis Harber, *Black Pioneers of Science and Invention*, New York, Ed. Harcourt Brace Jovanovicle, 1970, p. 232.

les secrets de ce précieux liquide qu'est le sang. Par exemple, le Dr Alexis Carrel, Prix Nobel 1912 et auteur de *L'homme, cet inconnu*, avait jeté les bases des études ultérieures sur la transplantation des vaisseaux sanguins et des organes. On sait également que l'Autrichien Karl Landsteiner, Prix Nobel de médecine en 1930, surnommé « le père de l'immunologie sanguine », avait déterminé les groupes sanguins O, A, B, AB. Cette découverte a rendu possible la transfusion du sang. Mais l'un des problèmes majeurs qui se posaient consistait dans la conservation de ce liquide qui, en dehors du corps, se détériore rapidement. Drew focalisa son attention sur les facteurs physiques, chimiques, biologiques, susceptibles d'engendrer l'altération du sang. Il s'aperçut que le plasma sanguin se prêtait beaucoup mieux au stockage. On entend par plasma la portion liquide du sang débarrassée des cellules. L'avantage que présentait l'usage du plasma était la résolution du problème d'incompatibilité. Autrement dit, on n'était plus obligé de prendre en considération à la fois le groupe sanguin du donneur et celui du receveur. L'importance de la découverte de Drew se mesure à l'urgence de la nécessité de la transfusion sanguine à cause de la deuxième guerre mondiale. Les principaux belligérants (France, Angleterre, États-Unis, Canada) avaient un besoin crucial de sang. Donc, il fallait non seulement transfuser, mais surtout conserver le sang. En 1940, la Blood Transfusion Association convoqua en toute hâte une réunion à laquelle participèrent les docteurs Alexis Carrel et Karl Landsteiner. Charles R. Drew réussit à convaincre les participants de la pertinence du choix du plasma au lieu du sang pour la transfusion. Selon lui, cette méthode se révélait plus pratique et plus efficace.

En collaboration avec le Dr Scudder, il établit en 1939 la banque du sang du Presbyterian Hospital de New York. Un an plus tard, Drew retourna à l'école de médecine de Howard où il enseigna la chirurgie. Entre-temps, la Blood Transfusion Association offrit son concours à la Grande-Bretagne toujours en guerre. Ainsi fut créé le projet appelé « Blood for Britain ». Le Dr John Beattie, directeur de recherche aux laboratoires du Collège royal des chirurgiens en Angleterre, sollicita les services de Drew pour que celui-ci organisât l'expédition de plasma sanguin vers ce pays. Le Dr Charles R. Drew prit les dispositions nécessaires à la réalisation de ce projet auquel la Croix-Rouge Américaine s'associa. Et vers la fin de l'année 1940, la Grande-Bretagne était en mesure de gérer ses propres banques du sang. Par la suite, la Croix-Rouge Américaine décida d'élaborer un programme national de collecte de sang réservé aux forces armées américaines. Le directeur n'en fut nul autre que Charles R. Drew. Tout allait bien jusqu'à ce que le vieux démon de la discrimination raciale surgît : les forces armées informèrent la Croix-Rouge Américaine que le sang des « gens de couleur » ne serait pas accepté. Ce qui indigna le Dr Charles R. Drew au plus haut point et incita le journal de Chicago, *Defender* (26 septembre 1942), à écrire : « Le sang nègre est refusé, mais quand les terribles raids aériens sur Londres en septembre 1940 tuèrent et blessèrent des milliers de personnes, un appel urgent fut lancé à l'Amérique pour du plasma sanguin. Ce fut à un chirurgien noir américain que les médecins britanniques s'adressèrent pour l'envoi du plasma sanguin en provenance des États-Unis[2]. » Le même journal continue : « Le sang nègre

[2] Ibid., p. 237.

n'est pas accepté, mais quand les Japonais ont bombardé Pearl Harbor et mutilé des centaines de soldats et de marines américains, le sang qui a sauvé la vie à ces derniers a été collecté par un chirurgien noir[3]. » Cette appréhension du « sang nègre » s'explique, dans une large mesure, par l'ignorance et les mythes qui y sont généralement associés. La science nous apprend qu'en dehors des problèmes d'incompatibilité, le sang d'un individu d'une race donnée peut être transfusé à un individu d'une race différente. Néanmoins, à l'époque de Charles R. Drew, on croyait à tort que le sang d'une personne de race noire contenait ses traits de caractère et qu'il pouvait même altérer la couleur de la peau d'un transfusé de race blanche. Nous sommes alors dans la première moitié du XXe siècle, en plein conflit mondial. Rappelons que c'est le moment où Adolf Hitler, dans son livre Mein Kampf, revendique le mythe du sang pour fonder l'ordre nouveau : « Le même sang appartient au même empire[4]. » Que le mot « sang » soit employé ici au sens métaphorique n'y change rien. L'essentiel est qu'il serve de critère de sélection.

D'autres événements fâcheux du genre de celui que nous venons d'évoquer, ont profondément exaspéré Drew, mais ne l'ont point empêché de faire une fulgurante carrière médicale et scientifique. Les divers témoignages de reconnaissance à son égard ne le prouvent que trop. De nombreuses écoles à Washington, D.C., Wilmington, Delaware, Arlington, en Virginie, en Floride, Indiana portent son nom. En 1944, Charles R. Drew reçut la médaille Spingarn de la National Associa-

[3] Ibid., p. 238.

[4] Cité par Pierre Paraf dans *Le racisme dans le monde*, Paris, Ed. Payot, 1964, p. 41-42.

tion for the Advancement of Colored People (NAACP) pour son travail sur le plasma sanguin. On lui décerna également le prix E.S. Jones pour ses recherches en médecine. Le Virginia State College lui conféra en 1945 un doctorat honorifique ès sciences. Le Collège d'Amherst l'honora de la même manière. En 1946, le Dr Charles R. Drew fut élu membre du Collège International des chirurgiens. En septembre 1968, le Charles R. Drew Neighborhood Health Center commença à fonctionner dans le quartier de Bedford-Stuyvesant à Brooklyn, dans l'État de New York. Un centre médical en Californie a pour nom Charles R. Drew. En 1977, le siège de la Croix-Rouge Américaine à Washington, D.C., a été rebaptisé Charles R. Drew Blood Center. Le Dr Drew mourut, en 1950, des suites d'une hémorragie due à un accident de voiture. On prétend qu'il aurait eu la vie sauve si l'hôpital réservé aux Blancs avait accepté de le soigner.

JANE COOKE WRIGHT

(1919 - 2013)

Fille de Louis Tompkins Wright, médecin et chercheur émérite, Jane Cooke Wright est née le 30 novembre 1919, dans la ville de New York. Elle y fit ses études primaires et secondaires qu'elle acheva en 1938. Très tôt, elle manifesta beaucoup d'aptitude pour les arts. En 1942, elle obtint son baccalauréat au Smith College de Northampton (Massachusetts) et son doctorat à l'école de médecine de New York en 1945. Après son internat à l'hôpital Bellevue de New York, Jane C. Wright éprouva quelque difficulté à trouver un emploi. Son père, qui créa en 1947 la Harlem Cancer Research Foundation, l'invita à se joindre à son équipe de chercheurs. Jane C. Wright acquiesça. Cette décision influera sur toute sa carrière. En collaboration avec son père, elle publia des dizaines d'articles scientifiques. À la mort de ce dernier, en 1952, elle assuma la direction du centre de recherche sur le cancer de Harlem, qu'elle quitta en 1955 pour le Bellevue Medical Center où elle poursuivit ses recherches sur la chimiothérapie. Il faut préciser qu'à cette époque, la majorité des médecins ne voyaient pas dans ce traitement un moyen de lutte contre le cancer. Cette thérapie attirait les pires critiques et était loin de jouir de la considération qu'on lui accorde aujourd'hui. C'est dans ce climat que le Dr Jane C. Wright travailla avec son équipe. Elle fut la première à prôner la polythérapie. Elle découvrit par exemple que la méthotrexate (un antifolique) entraîne la régression du cancer du sein. Le Dr Jane C. Wright et ses collaborateurs ont expérimenté avec succès différents médicaments chez leurs patients. Grâce à cette nouvelle thérapie, plusieurs patientes atteintes du cancer du sein survécurent de sept à dix ans à cette maladie. Le Dr Jane C. Wright a établi des procédures d'emploi de la chimiothérapie. Elle a observé plus tard que les patients souffrant d'un mélanome avancé et soignés à l'actinomycine D (un antibiotique) voyaient leur cancer régresser. Jane C. Wright et son équipe ont construit des échelles de dosage pour chaque médicament anticancéreux. Les résultats des recherches du Dr Jane C. Wright ont été publiés dans plus d'une centaine d'articles et elle a contribué à neuf ouvrages scientifiques.

Active, Jane C. Wright était membre de l'American Society of Clinical Oncology, de l'American Cancer Society, de la New York Cancer Society qu'elle fut la première femme à présider de 1971 à 1972. Le président des États-Unis, Lyndon B. Johnson l'invita en 1964 à participer à la commission médicale sur les maladies du cœur, le cancer et les accidents cérébrovasculaires. La recommandation du Dr Jane C. Wright de créer des centres régionaux du cancer à travers les États-Unis fut adoptée. Nombre de prix lui ont été décernés. Elle fut décorée d'une médaille de la part du Smith College. Le Collège médical de Pennsylvanie lui accorda un doctorat honorifique : « Doctor of Medical Sciences ». De la section féminine de l'école de médecine Albert Einstein, elle reçut « The Spirit of Achievement Award ». L'American Association for Cancer Research l'a également distinguée pour ses « importantes contributions à la recherche en chimiothérapie clinique[1] ». Le Dr Jane C. Wright a pris sa retraite en 1988 après une fructueuse carrière à la fois de médecin et de chercheur.

[1] Cité par Edward Sidney Jenkins dans *To Fathom More African American Scientists and Inventors*, Lanhan, New York, London, University Press inc., 1996, p. 321.

SAMUEL L. KOUNTZ

(1930 - 1981)

La pratique de la transplantation d'organes n'a débuté qu'au XXe siècle. C'est dans ce domaine que le Dr Samuel L. Kountz allait s'illustrer. Né en 1930 à Lexa (Arkansas), Kountz a terminé ses études en 1952 au collège de l'Arkansas. Grâce à une bourse, il put continuer à étudier la biochimie à l'université de l'Arkansas où il passa une maîtrise en 1956 et un doctorat en 1958. En 1965, on le trouve résident à l'école de médecine de l'université de Stanford. Après avoir été professeur de chirurgie à temps plein à l'université de l'État de New York, il occupa le poste de chirurgien en chef au Kings County Hospital Center. L'une des préoccupations du Dr Samuel L. Kountz était de contribuer à l'amélioration des soins médicaux prodigués à la communauté noire.

Ce souci n'a jamais nui à ses recherches. Kountz a publié plus d'une centaine d'articles scientifiques sur la transplantation du rein. Sans doute est-il important de souligner que le Dr Kountz a effectué cette opération avec succès plusieurs centaines de fois. En 1964, le Dr Kountz, assisté du Dr Roy Cohn, réalisa la deuxième transplantation de rein au monde, entre une mère et sa fille, la première, ayant eu lieu en 1962 à l'hôpital Necker à Paris, impliquait des individus non jumeaux. Le Dr Kountz s'appliqua également au problème de la préservation et du rejet des organes. Avec le Dr Folker O. Belzer, il mit au point une technique permettant de conserver le rein durant plus de cinquante heures après son prélèvement. On doit à son initiative la fondation à San Francisco d'un des plus grands centres de formation et de recherche aux États-Unis sur la transplantation rénale.

Avant sa mort survenue en décembre 1981 à la suite d'une maladie contractée en Afrique du Sud, le Dr Samuel L. Kountz fut reconnu et honoré pour ses travaux. En 1964, le Collège américain de cardiologie lui décerna le prix d'Outstanding investigator. L'Université de l'Arkansas lui attribua en 1973 le titre honorifique de docteur en droit.

JEAN-JACQUES MUYEMBE

(1942 -   )

Si la persévérance doit être l'une des qualités du chercheur, le docteur Jean-Jacques Muyembe la possède au plus haut point. Car il a consacré jusqu'ici plus de quarante-deux ans de sa vie à des recherches sur le virus Ebola.

Né en 1942, à Ngila (République Démocratique du Congo), il fut diplômé en médecine de l'université de Léopoldville en 1969, se spécialisa en virologie à l'université de Louvain (Belgique) d'où il sortait docteur en 1973. Jean-Jacques Muyembe exerçait à l'Institut Pasteur de Dakar (Sénégal). Professeur de microbiologie à l'École de médecine de Kinshasa, il est actuellement directeur à l'Institut national de recherche biomédicale (INRB).

Parmi les redoutables épidémies qui ont frappé l'Afrique, l'Ebola fut celle qui avait suscité une vive inquiétude. Ce virus se propagea particulièrement en République Démocratique du Congo. Dans ce contexte, l'apport de Jean-Jacques Muyembe à la science médicale est digne de mention. Celui-ci participa à la découverte de la fièvre hémorragique à virus Ebola. En 1976, il se rendit le premier sur le site de l'épidémie localisée à Yambuku en Équateur (RDC). Le sang d'une infirmière fiévreuse qu'il avait ramenée avec lui à Kinshasa permit l'identification du nouveau virus. Les analyses furent conduites à l'Institut de Médecine tropicale d'Angers en Belgique. Le Dr Jean-Jacques Muyembe eut aussi le mérite d'avoir élaboré un ensemble de techniques et une méthodologie efficace pour endiguer toute nouvelle épidémie. Les mesures préconisées peuvent se résumer ainsi :

-Reconnaissance de la maladie grâce à une définition simple et appropriée au contexte rural
-Rupture de la chaîne de transmission du virus par l'isolement du malade dans un centre de traitement
-Suivi des contacts pendant 21 jours
-Mise en place des mesures d'hygiène concernant les enterrements
-Sensibilisation des communautés.

Jusqu'aujourd'hui, la communauté médicale approuve ces mesures. L'action du docteur Muyembe dépassait les frontières de son propre pays pour toucher l'Afrique de l'Ouest. Par exemple, lui et son équipe avaient apporté leur concours à la République de Guinée où l'épidémie d'Ebola explosait en 2013.

Les efforts constants et les travaux assidus du docteur Muyembe ont été reconnus et récompensés sur les plans national et international. En juin 2015, à l'Institut de France, à Paris, on lui décerna le Prix Christophe Mérieux. La même année, deux autres prix lui furent attribués : le Prix Lumumba et le Royal Society Pfitzer Advanced Award. En 2017, il reçut un doctorat honoris causa de l'Université Lubumbashi pour « les loyaux services rendus à la nation congolaise.»

MITIKU BELACHEW

(1942 -)

Nous ne croyons pas nous tromper en affirmant que la modestie et la fierté à la fois ont incliné le Dr Mitiku Belachew à insister sur son origine paysanne. La publication, en 2015, de son livre, *Le berger devenu chirurgien* corrobore cette assertion.

Né en 1942, à Ghion, un village situé à environ 150Km de la capitale éthiopienne, Addis-Abeba, il venait d'une famille de neuf enfants et se livrait aux travaux des champs jusqu'à l'âge de 12 ans. À la fin de ses études dans son pays natal, Belachew bénéficia, grâce à ses qualités d'élève brillant, d'une bourse qui l'aida à continuer sa formation à l'université de Londres. Mais de 1963 à 1970, il fréquenta l'école de médecine de Liège (Belgique) d'où il sortit diplômé avec grande distinction. Sa spécialisation en chirurgie dura six ans qu'il passa à l'hôpital universitaire de Liège. Installé dans la ville belge de Huy, il pratiquait la chirurgie digestive. À l'époque, les interventions touchaient notamment les personnes obèses. Ses recherches l'ont amené à découvrir la technique du cerclage gastrique inventé par un chirurgien ukrainien, le docteur Kuzmak. Le docteur Belachew, lui, a créé en 1993 un anneau gastrique modulable qu'on pose par la laparoscopie. L'implantation de cet anneau a permis à des milliers de patients de perdre du poids et d'avoir, par conséquent, une meilleure qualité de vie. Pendant ses trente ans de carrière, il a opéré plus de 25.000 patients et contribué au rayonnement international de Huy. En 1994, il tenait au sujet de ses interventions chirurgicales une séance d'information à laquelle assistaient des chirurgiens venus de France, d'Allemagne, d'Australie, d'Argentine. Un peu partout dans le monde, des spécialistes ont eu recours à la technique du docteur Belachew. On lui doit de nombreux articles scientifiques parus dans des revues savantes. Sa collaboration à des ouvrages de médecine est fructueuse.

Bien que le docteur Belachew soit retraité depuis 1999, il continue d'exercer à Addis-Abeba. Il se distingue aussi par ses œuvres humanitaires. Dans son village natal, il fit construire une école et un dispensaire.

L'invention du Dr Belachew a produit des échos dans la communauté scientifique. Il fut conférencier invité de plusieurs pays parmi lesquels on peut citer le Brésil, le Canada, les États-Unis, le Sénégal, l'Australie. Non seulement il y donnait des conférences, mais il dirigeait et animait des ateliers de formation. Membre de sociétés savantes comme l'American Society for Bariatric Surgery, le Collège international de chirurgiens, le docteur Mitiku Belachew fut élevé en 2016 au grade d'Officier du Mérite Wallon (Belgique).

PATRICIA E. BATH

(1949 -   )

Née à New York en 1949, d'une mère afro-américaine et d'un père originaire de la Trinité-et-Tobago, Patricia E. Bath fit ses études à l'école secondaire Charles Evans Hughes. Puis elle entra au Hunter College de New York. Bachelière en chimie et en physique, elle étudia la médecine à Howard University et se spécialisa en ophtalmologie à l'université Columbia (New York).

En collaboration avec des collègues, Patricia E. Bath fonda en 1976 l'American Institute for the Prevention of Blindness (AIPB). Cinq ans plus tard, elle conçut le projet d'utiliser le laser pour l'extraction de la cataracte. C'est à Berlin (Allemagne) qu'elle trouva le type de laser approprié à ses recherches. De retour aux États-Unis, elle continua ses travaux en Californie et au Nouveau-Mexique. Elle réussit finalement à mettre au point une technique d'opération au laser de la cataracte qu'elle baptisa « Laserphaco Probe[1] » et qu'elle fit breveter dans plusieurs pays tels les États-Unis, le Canada (1992), le Japon (1992), l'Allemagne (1995). L'approfondissement de ses recherches dans le domaine de la chirurgie ophtalmologique lui a valu l'obtention de deux autres brevets[2]. Plus récemment, elle perfectionna ses méthodes en y introduisant l'usage de l'ultrason[3].

De nombreuses institutions ont rendu hommage au Dr Patricia E. Bath. Première femme chirurgien à l'école de médecine Richard Drew (Californie), elle fut élue membre d'honneur du Centre médical de l'université de Californie (UCLA). En 1988, elle fut admise au Panthéon du Collège Hunter. Le 4 mai 2001, l'American Medical Women's Association l'honora et la désigna comme l'une des femmes les plus remarquables des États-Unis.

---

[1] Numéro du brevet : 4.744.360, 17 mai 1988.

[2] Numéro du brevet : 5.843.071, 1er décembre 1998.

[3] Numéro du brevet : 6.083.192, 4 juillet 2000.

BENJAMIN S. CARSON

(1951 -)

Du Dr Benjamin Solomon Carson, Jesse Jackson a dit : « Il est un modèle pour tous les jeunes d'aujourd'hui ». Ces propos confirment la concrétisation de l'un des rêves les plus chers de ce neurochirurgien hors du commun : le Dr Carson lui-même, dans son autobiographie intitulée *Gifted Hands* écrite en collaboration avec Cecil Murphy, a exprimé sa volonté de « jouer le rôle de modèle de référence pour les jeunes[1] ». Ce livre qui, comme le sous-titre *(The Ben Carson Story)* l'indique, relate les faits saillants de sa vie, constitue, dans une large mesure, un vibrant hommage à sa mère Sonya Carson dont il brosse un portrait très élogieux. Dévouée, déterminée, peu instruite, mais intelligente, Sonya Carson exerça une influence décisive sur ses deux fils Benjamin et Curtis. Elle les exhortait à la lecture. « Les portes du monde, pensait-elle, sont ouvertes à

---

[1] Ben Carson et Cecil Murphy, *Gifted Hands The Ben Carson Story*, Michigan, Éd. Zondervan,1990, p. 212.

ceux qui sont instruits[2]. » Issu d'un milieu social modeste, Ben Carson naquit le 18 septembre 1951, à Détroit (Michigan). Il avait huit ans lorsque ses parents divorcèrent. Cette séparation aggrava la précarité financière de sa famille. Après une période marquée par le tâtonnement et le doute, Ben Carson se révéla enfin un brillant élève qui souleva l'admiration et le respect de ses petits camarades. Grâce à l'excellence de ses résultats scolaires, il parvint à obtenir une bourse d'études pour Yale University où il reçut son baccalauréat en 1973.

Quatre ans plus tard, il passa son doctorat en médecine à l'université du Michigan, exerça comme interne à l'hôpital Johns Hopkins (Baltimore). À la fin de ses activités professionnelles au Queen Elizabeth II Medical Center en Australie, Carson retourna aux États-Unis où il dirigea le département de neurochirurgie pédiatrique de l'hôpital Johns Hopkins.

Parmi ses nombreux exploits médicaux (il effectue plus de trois cents interventions chirurgicales par année), nous avons choisi d'en évoquer deux. Signalons au préalable un fait antérieur déterminant. Au cours de son internat à l'hôpital Johns Hopkins (de 1978 à 1982), Carson se livra à des recherches relatives aux tumeurs cérébrales. Au lieu d'utiliser des singes, des souris ou des chiens, il eut plutôt recours à des lapins. On inocula dans leur cerveau des cellules cancéreuses qui s'y développèrent. Assisté par les spécialistes Jim Anderson et John Hilton, le Dr Carson créa une technique permettant aux chercheurs de poursuivre leurs travaux sur l'évolution des tumeurs cérébrales. On lui attribua le titre d'Interne de l'année pour ce travail. Notons que la

---

2 Ibid., p. 33.

plupart des opérations qu'il pratiquera plus tard porteront sur le cerveau et les cellules cancéreuses.

Le premier cas majeur que le Dr Carson affronta fut celui d'une fillette de quatre ans, nommée Maranda Francisco qui, dès l'âge de dix-huit mois, était en proie à des crises aiguës s'apparentant à celles de l'épilepsie. Elles affectaient l'hémisphère droit du cerveau. Maranda perdait alors l'usage de la parole et ne pouvait plus ni marcher, ni manger, ni apprendre. Soumise à une abondante médication, elle n'échappait aux convulsions que durant ses moments de sommeil. Ses parents avaient consulté beaucoup de spécialistes. Mais en vain. Pour les uns, seule une intervention chirurgicale offrirait la possibilité de sauver Maranda. Pour les autres, elle était inopérable et la mort, inévitable. En désespoir de cause, l'équipe médicale de l'hôpital Johns Hopkins décida de tenter sur la fillette une hémisphérectomie, ce qui comportait des risques énormes : paralysie permanente, aphasie, mort. Cette délicate et dangereuse opération fut confiée au Dr Benjamin S. Carson. Nous sommes en août 1985. « Sur Maranda, j'allais pratiquer, écrivait-il, ma première hémisphérectomie[3] ». Entouré d'une équipe médicale compétente et très motivée, il enleva la moitié gauche du cerveau de Maranda. L'opération dura vingt heures, car la jeune patiente avait perdu beaucoup de sang. Il fallut d'ailleurs s'adresser à la Croix-Rouge. Maranda était désormais capable de parler et de marcher. Cette intervention chirurgicale avait d'autant plus réussi que les crises de Maranda avaient disparu. Comment expliquer un tel phénomène puisque la fillette venait de perdre l'hémisphère gauche de son cerveau ? Dans son autobiographie, le Dr Carson en a fourni les

[3] Ibid., p. 136.

explications suivantes : « Chez les enfants âgés de moins de dix ans, certaines cellules cérébrales sont fonctionnellement indifférenciées. Elles sont en mesure d'en remplacer d'autres et de remplir les mêmes fonctions. D'où ce qu'on appelle la plasticité des cellules. Cela ne se produit que chez les jeunes enfants. C'est ce qui a dû arriver dans le cas de Maranda Francisco. » Aux États-Unis, nombre de médias se firent l'écho de cette miraculeuse intervention médicale. Le journaliste Don Colburn du *Washington Post* sollicita et obtint une entrevue avec le Dr Ben Carson. La presse télévisée, elle aussi, s'activa.

La deuxième opération réalisée par le Dr Carson présentait un aspect tout aussi spectaculaire. Il s'agissait de la séparation de deux frères siamois d'origine allemande : Patrick et Benjamin Binder. Nés par césarienne en Allemagne de l'Ouest, le 2 février 1987, ils pesaient à eux deux quatre kilos et quatre cents grammes. Ils étaient conjoints par l'extrémité céphalique. On peut imaginer les difficultés pratiques que leurs parents Theresa et Josef Binder durent éprouver à en prendre soin. Quand Theresa rencontra pour la première fois le Dr Carson, elle lui avouait : « J'ai toujours caressé un rêve qui me maintenait en vie : celui de trouver un jour des médecins capables d'accomplir un miracle[4]. » En mai 1987, une équipe fut dépêchée en Allemagne pour évaluer la faisabilité de l'opération. Puis le 5 septembre de la même année, avec l'assistance d'un groupe multidisciplinaire (anesthésistes, neurologues, cardiologues, pédiatres…) le Dr Carson parvint avec succès à séparer les siamois. L'intervention dura vingt-deux heures et nécessita la mobilisation d'une vingtaine de membres du per-

[4] Ibid., p. 193.

sonnel de l'hôpital Johns Hopkins. Désormais Patrick et Benjamin allaient mener leur vie individuelle. À notre connaissance, les annales médicales ont enregistré, à l'échelle mondiale, très peu de prouesses analogues à celle du Dr Ben Carson. Informés de l'événement historique que fut cette opération chirurgicale, les journalistes se ruèrent à l'hôpital Johns Hopkins avec un enthousiasme débordant. En 1997, le Dr Carson opéra, en Afrique du Sud, deux autres jumeaux présentant à peu près les mêmes singularités que Patrick et Benjamin Binder. Dans le cadre de ses activités professionnelles, il faut inscrire la publication d'articles scientifiques. Quant aux témoignages de reconnaissance envers le Dr Ben Carson, ils sont légion.

En 1988, le National Medical Fellowship lui décerna un certificat d'honneur pour ses hauts faits de chirurgien. La même année, il reçut l'American Black Achievement Award. Le Merehouse College lui conféra le titre de docteur ès sciences. Une bourse nationale d'études a été créée en son nom : The Carson Scholars Funds. Elle est destinée aux élèves et étudiants méritants qui manifestent un engagement envers leur communauté. En 2001, la chaîne de télévision CNN et le Time Magazine rangèrent le Dr Carson parmi les vingt meilleurs médecins du monde. Le président George W. Bush le nomma, en 2004, au Conseil national de bioéthique. En 2008, il reçut du président américain la Médaille de la Liberté. On projetait, en 2009, un téléfilm, « Gifted Hands : the Ben Carson Story ». Le talentueux acteur Cuba Gooding Jr y incarne le Dr Carson ; Kimberley Elise interprète le rôle de sa mère et Aunjanue Ellis, celui de son épouse.

PHARMACOLOGIE

ARNOLD HAMILTON MALONEY

(1888 - 1955)

L'un des traits saillants de la personnalité d'Arnold Hamilton Maloney consistait dans sa curiosité intellectuelle et sa polyvalence. Né en 1888 à Trinidad, État voisin du Venezuela, il était titulaire du baccalauréat ès sciences délivré par le collège Naparima de son pays natal. Puis il émigra aux États-Unis en 1909 et étudia à l'université Columbia où il obtient une maîtrise ès sciences en 1910. Environ deux ans plus tard, il fut diplômé en théologie du General Theological Seminary de New York. En 1929, l'Université d'Indiana lui conféra le titre de docteur en médecine et en 1931, il reçut son doctorat en pharmacologie à l'université du Wisconsin. Il fut le premier Noir à enseigner cette matière aux États-Unis et le deuxième à cumuler les deux grades universitaires mentionnés ci-dessus. De la chaire de pharmacologie à l'université Howard, il passa à la direction du département de cette même science. Il travailla aussi à titre de consultant dans cette discipline pour l'hôpital Freedmen.

Parallèlement à ces activités, le Dr Arnold H. Maloney poursuivit des recherches en pharmacologie. Plusieurs de ses articles parurent tant aux États-Unis qu'en Belgique. Ses travaux en pharmacologie se caractérisaient par leur diversité, mais s'orientèrent particulièrement vers les antidotes. Maloney découvrit un antidote contre les surdoses de barbiturique. Ce type de drogue potentiellement mortelle entraîne chez le patient des difficultés respiratoires, une dépression du système nerveux central et un état comateux. Le Dr Maloney a constaté que l'usage de la picrotoxine éradiquait ces symptômes. Voilà son principal apport à la science.

Le nom d'Arnold H. Maloney est cité par plusieurs ouvrages : *American Men of Science, Dictionary of American Medical Biography, Journal of The National Medical Association.* Parmi les sociétés savantes auxquelles le Dr Maloney adhéra figurent l'American Negro Academy, l'American Academy of Political Sciences et la National Medical Association.

PHYSIQUE

GEORGES NICOLO

(1923 - 1993)

Bien que la terre tende à devenir de plus en plus « un village global », selon le mot de l'universitaire canadien Marshall Mcluhan, demeurer attaché à son lieu d'origine nous paraît admirable. Ce fut le cas du physicien Georges Nicolo. Né en 1923, à Gosier (Guadeloupe) dont le souvenir ne le quitta jamais, Georges Nicolo fit d'excellentes études au lycée Carnot à Pointe-à-Pitre. En 1963, il fut diplômé de l'université de Paris où il soutint, avec un succès éclatant, sa thèse de doctorat ès sciences : « La pompe à iodes : son application au comptage de particules nucléaires et à la détection des excursions rapides de puissance d'une pile atomique ». Georges Nicolo publia en 1963 aux éditions Eyrolles un ouvrage intitulé *L'électronique dans les appareils de contrôle nucléaire*. Il travailla pour la Compagnie française Thomson-Houston et entra ensuite au Commissariat à l'Énergie Atomique (CEA). Les recherches de Nicolo touchèrent à la fois aux domaines de la physique nucléaire et de la télécommunication. Il créa un « bloc multicanal » qui rend effective la réception de plusieurs émissions par un poste récepteur de télévision. Il inventa également un dispositif de contrôle de la réactivité des piles atomiques en régime sous-critique.

Quelques mois avant sa mort, survenue en avril 1993, l'International Bibliographical Centre de Cambridge (Angleterre) lui décerna un certificat de distinction. À la mémoire du savant guadeloupéen, la Médiathèque du Gosier prit, en juin 2006, le nom de Médiathèque Raoul Nicolo du Gosier.

GEORGE EDWARD ALCORN

(1940 -)

Il n'est pas étonnant que des membres d'une même famille suivent une même carrière. En France, les frères Auguste et Louis Lumière inventèrent le cinématographe. Écrivains haïtiens, les frères Emile et Ignace Nau se passionnèrent pour la littérature. Quant à George et Charles Alcorn, ils ont embrassé la carrière scientifique. Physiciens, tous deux travaillèrent pour la société américaine IBM (International Business Machines).

Issu d'une humble famille, George E. Alcorn naquit le 22 mars 1940, à Indianapolis aux États-Unis. En 1967, il passa son doctorat en physique atomique à Howard University à Washingon, D.C. Durant l'été 1962-1963, il fut embauché par la Space Division of North America Rockwell. Au cours des années 1965, 1966, il bénéficia d'une aide financière de la NASA pour ses recherches sur les ions négatifs. Parallèlement à celles-ci, George E. Alcorn dispensait des cours de microélectronique à l'université du District de Columbia. En 1978, il quitta IBM pour se mettre au service de la NASA où il eut l'occasion de s'illustrer. Il inventa en effet un spectromètre imageur à rayons X qui lui assura l'obtention d'un brevet[1]. Aussi George E. Alcorn élabora-t-il une méthode de fabrication de spectromètre imageur à rayons X[2]. Détenteur de plusieurs brevets d'invention, il manifesta des préoccupations d'ordre social par sa collaboration avec la Meyerhoff Foundation, organisme qui encourage et soutient les Afro-Américains dans leurs études en sciences et en ingénierie.

George E. Alcorn reçut plusieurs distinctions pour ses travaux. La Compagnie IBM lui décerna le Prix First Plateau Cash for invention. La NASA et le Goddard Space Flight Center (GSFC) lui attribuèrent le titre d'inventeur de l'année 1984.

[1] Numéro du brevet : 4.472.728, 18 septembre 1984.

[2] Numéro du brevet : 4.618.380, 21 octobre 1986.

SHIRLEY A. JACKSON

(1946 -)

À l'instar de Marie Curie, femme de science française d'origine polonaise, Shirley Ann Jackson a choisi de se spécialiser en physique, discipline à laquelle très peu de femmes[1] dans de nombreux pays ont accès. Née le 5 août 1946 à Washington, D.C., Shirley A. Jackson termina brillamment ses études à l'école secondaire Roosevelt High School en 1964. Boursière de la Martin Marietta Aircraft Company et de Prince Hall Mason, elle entra au célèbre MIT (Massachusetts Institute of Technology, Boston) où elle reçut en 1968 un baccalauréat ès sciences. Elle affectionnait deux matières : la physique théorique et les mathématiques. Vu l'excellence de son dossier scolaire, elle bénéficia de trois bourses accordées par trois institutions différentes : National Science Foundation, Ford Foundation, Martin Marietta Aircraft Company. C'est ce qui lui permit d'entreprendre des études avancées en vue du doctorat qu'elle obtint en 1973 à l'âge de vingt-six ans. Elle devint ainsi la pre-

[1] Lire le percutant article d'ingrid Carlander, « Le sexe des sciences », *Le Monde diplomatique,* Juin 1997, p. 18-19.

mière femme noire à détenir ce diplôme universitaire en physique aux États-Unis.

Shirley A. Jackson possède une très vaste expérience de chercheur en physique théorique. De 1973 à 1974, elle travailla au Fermi National Accelerator Laboratory à Betavia (Illinois). De 1974 à 1975, elle fut conférencière au Centre Européen de recherche nucléaire (CERN) à

Shirley A. Jackson

Genève (Suisse). En 1976, on la rencontra aux AT&T Bell Laboratories (Murray Hill, New Jersey). Elle y étudia les gaz, les solides, les semi-conducteurs, la physique théorique des particules et de la matière. La principale contribution du Dr Shirley A. Jackson se résume en son souci de faire mieux comprendre le mouvement des électrons à la surface de l'hélium liquide et les propriétés électroniques des semi-conducteurs. Sur ces sujets, elle a publié, seule ou en collaboration avec d'autres chercheurs, plus d'une centaine d'articles.

L'une des marques de distinction dont Shirley A. Jackson a été l'objet fut d'être nommée membre perpétuel du Conseil d'administration de l'Institut de technologie du Massachusetts (Board of Trustee of the Massachusetts Institute of Technology). Plus récemment on lui assigna le rôle de présidente de la United States Nuclear Regulatory Commission mandatée pour veiller sur la santé publique et l'environnement par le contrôle de l'utilisation de la technologie nucléaire aux États-Unis. Parmi les affiches représentant certains scientifiques noirs de haut rang, préparées et distribuées à travers les États-Unis par la CIBA-GEIGY Corporation, figure celle du Dr Shirley A. Jackson. En 1990, le gouverneur James Florio lui décerna le prix Thomas Alva Edison Science pour son apport à la physique et à la promotion de la science. Depuis 1992, Shirley A. Jackson poursuit ses recherches à l'université de Rutgers (New Jersey).

PSYCHOLOGIE

Patricia S. Cowings

PATRICIA S. COWINGS

(1948 -   )

Pour réaliser ses projets de développement de vols spatiaux, la NASA (National Aeronautics Space and Administration) a souvent eu à résoudre non seulement des difficultés techniques, mais aussi des problèmes d'ordre psychologique relatifs au comportement humain dans l'espace. C'est dans ce dernier domaine que la psychologue Patricia S. Cowings a contribué à l'avancement de la science.

Née le 15 décembre 1948, dans la ville de New York, elle a grandi et fait ses études primaires et secondaires dans le Bronx. En 1973, elle passa un doctorat en psychologie à l'université de Californie à Davis. Peu après, elle étudia et travailla comme chercheur à l'université Rockefeller en collaboration avec le Dr Neal E. Miller qui avait créé un nouveau champ d'investigation scientifique : le biofeedback. Le biofeedback s'apparente à une technique comportementale qui vise à susciter chez le sujet la maîtrise de lui-même grâce au conditionnement de certaines fonctions physiologiques involontaires ou contrôlées par le système neurovégétatif. Patricia S. Cowings s'est plus précisément attaquée aux problèmes posés au corps humain par la situation d'apesanteur. Elle s'est penchée sur la question des syndromes dus à la microgravité. Après avoir publié de nombreux articles souvent en collaboration avec son mari William B. Toscano, Patricia S. Cowings mit au point une méthode intitulée « The Autogenic Feedback System 2 (AFS-2) ». Celle-ci aida les astronautes à s'entraîner à reconnaître des symptômes et à les neutraliser. Il va de soi que cette contribution du Dr Patricia S. Cowings favorise des séjours humains plus longs dans l'espace. Voici les principaux titres d'articles scientifiques qu'elle a publiés : « A preventive method for Zero Gravity Sickness Syndrome », « The Stability of individual Patterns of Autonomic Responses to Motion Sickness Stimulation », « The Effects of Autogenic Feedback training on Emergency Flight Performance ». Patricia S. Cowings dirige actuellement le laboratoire de recherche en psychophysiologie au Ames Research Center de la NASA (Moffett Field, California).

La renommée du Dr Patricia S. Cowings a franchi les frontières des États-Unis. Car elle participa à Moscou à un colloque américano-russe sur les problèmes biomédicaux de l'équipage d'un vol spatial. En Australie et au Japon, la télévision la présenta comme une figure importante du monde de la recherche spatiale. Aux États-Unis, la chaîne de télévision PBS dans ses émissions, Discover et Black Stars in Orbit, divulgua la plupart de ses recherches sur les maladies reliées au mouvement dans l'espace. Dans le film produit par la NASA et intitulé *Space for Woman*, on lui accorde une audience bien méritée. Ces témoignages de reconnaissance s'accompagnent de nombreux prix. En 1985, le Dr Patricia S. Cowings reçoit l'Ames Honors Award for Excellence dans la catégorie des scientifiques. La National Coalition of 100 Black Women lui a décerné en 1989 le Candace Award for Science and Technology. De même, en 1990, elle fut récipiendaire d'un prix de la part de la Biofeedback Society of California pour l'originalité de ses travaux. Le Dr Patricia S. Cowings fait partie de plusieurs sociétés savantes : Society for Psychophysiological Research, American Association for the Advancement of Science, Association for Applied Psychophysiology and Biofeedback of California, New York Academy of Sciences.

SCIENCES SOCIALES

WILLIAM EDWARD BURGHARDT DU BOIS

(1868 - 1963)

W.E.B. Du Bois fait partie des rares personnalités du monde dont les activités intellectuelles, politiques, professionnelles sont d'une richesse inouïe. Cofondateur du « Niagara Movement » qui militait pour les droits civils et politiques des Afro-Américains, il contribua également à la création de la NAACP et de son organe, The Crisis, dont il fut le rédacteur en chef. En 1961, il adhéra au Parti communiste américain. L'historien guadeloupéen, Oruno D. Lara[1] voit en lui l'un des initiateurs du panafricanisme, doctrine prônant l'unité et la solidarité africaines. Avant d'aller plus loin dans l'évocation de ses accomplissements, fixons quelques traits de sa biographie.

---

[1] Voir son livre très documenté. *La naissance du panafricanisme, Les racines caraïbes américaines et africaines du mouvement au xixe siècle*, Paris, Éd. Maisonneuve et Larose, 2000

Né le 23 février 1868, à Great Barrington (Massachusetts), fils unique, W.E.B. Du Bois vécut seul, très jeune, avec sa mère dans cette petite ville, car son père avait abandonné la famille. Après d'excellentes études secondaires, il entra à l'université Fisk de Nashville dans le Tennessee. Grâce à une bourse, il fut admis à l'université Harvard. Conscient du problème racial de son pays, il soumit en 1891 un mémoire de maîtrise intitulé « The Suppression of the African Slavery Trade from Africa in the United States ». Au bout d'un an, une autre bourse l'aida à continuer ses études à l'université de Berlin (Allemagne) où l'occasion s'offrit à lui de se former au contact des tenants de « l'École Scientifique » et d'assister aux conférences de Max Weber qu'il invitera beaucoup plus tard à l'université d'Atlanta. Du Bois séjourna deux ans en Allemagne et voyagea à travers l'Europe : Suisse, Pologne, Italie, France, Hongrie. De retour aux États-Unis, il professa au Wilberforce College. En 1895, il soutint sa thèse de doctorat à l'université Harvard qui la publia l'année suivante sous le titre *The Suppression of the African Slave Trade to the United States of America, 1638-1870.* Du Bois connut une magnifique carrière universitaire. De 1897 à 1910, il enseigna l'économie et l'histoire à l'université d'Atlanta. De 1934 à 1944, il devint chef du département de sociologie de cette même institution. Sa carrière professionnelle et ses préoccupations de militant politique n'ont jamais nui à sa créativité. Du Bois a publié de nombreux articles et plusieurs ouvrages parmi lesquels on peut citer : *The Negro* (1915), *The Study of the Negro Problem* (1897), *Black Folk, Then and Now* (1939), *John Brown* (1909). C'est l'historien et le sociologue chez Du Bois qui ont retenu notre attention.

Avec Carter G. Woodson[2], Arthur A. Schumburg (1877-1938), Du Bois fut l'un des principaux pionniers de l'historiographie afro-américaine. Tiré de sa thèse de doctorat, son livre *The Suppression of the African Slave Trade to the United States of America* est le premier volume de la collection « Harvard Historical Studies ». Cet ouvrage fut salué par Vernon Loggings comme « le plus grand travail intellectuel qu'un Noir américain ait accompli jusqu'ici[3]. »

Du Bois étudie en effet l'évolution du système esclavagiste, de la traite négrière jusqu'à l'abolition de l'esclavage. Selon lui, « l'histoire de l'esclavage et de la traite doit être lue à la lueur de la révolution industrielle[4]. » De sa thèse à son livre *Black Reconstruction in America* (1935), la perspective s'est sensiblement élargie. *Black Reconstruction in America* envisage la question de l'esclavage des Noirs américains dans le contexte plus global de l'exploitation par l'Occident des peuples noirs du monde entier. Mais d'après Magali Bessone, l'ouvrage qui « a marqué l'entrée de Du Bois dans le panthéon des leaders Noirs du XXe siècle[5] » est *The Souls of Black Folk (Les âmes du peuple noir).* Paru pour la première fois en 1903 à Chicago, *Les âmes du peuple noir* fut couron-

---

[2] Carter Godwin Woodson (1875-1950) fut à l'origine de ce qu'on appelle, aujourd'hui en Amérique du Nord, le Mois de l'Histoire des Noirs (février). En 1926, il inaugura la Negro History Week devenue dans les années 60 le Black History Month au cours duquel on souligne les réalisations des Noirs dans différents domaines.

[3] Cité par Oruno D.Lara, « Les racines de l'historiographie afro-américaine » dans *Présence Africaine,* no 89, 1974, p. 51.

[4] op. cit., p. 53.

[5] Magali Bessone, « Pluribus Unum » dans *Les âmes du peuple noir,* Paris, Éd.La Découverte, 2007, p. 282.

né d'un succès considérable. Cette œuvre on ne peut plus protéiforme est un essai composé d'analyses historiques, sociologiques, anthropologiques, de récits biographiques et autobiographiques. Rééditée six fois en 1905, elle a été publiée cent dix-neuf fois jusqu'en 2003, date du centenaire de la première édition. La majorité des chapitres sont consacrés à l'examen de la condition de vie misérable des Noirs américains depuis l'abolition de l'esclavage jusqu'au début du XXe siècle. Pour expliquer cette situation, Du Bois invoque la période esclavagiste et dénonce du même coup la démission ou l'insouciance des pouvoirs publics face à leurs responsabilités envers les nouveaux affranchis pour qui un Bureau spécial fut établi. Ce Bureau dénommé Bureau des Affranchis a trahi ses promesses et les nouveaux affranchis abandonnés à eux-mêmes furent, par conséquent, livrés à l'exploitation d'un système économique qui rappelait celui de l'esclavage. Contrairement à Booker T. Washington, Du Bois soutient dans son livre l'idée de la nécessité pour les Noirs d'exercer leurs droits civils et politiques. Il plaide également en leur faveur pour une formation supérieure. Les multiples difficultés que confrontent les Noirs se trouvent aggravées par une ségrégation raciale systémique. À cela s'ajoutent un appareil judiciaire et un service de police conçus pour les opprimer. Les *âmes du peuple noir* apparaît comme un cinglant réquisitoire contre l'injustice et les inégalités de tous ordres dont les Afro-Américains sont l'objet. Du Bois désigne la ségrégation par une métaphore : « le Voile ». Cette image remplit une double fonction : celle à la fois de séparer et de cacher. Une autre notion qui lui est chère est « la double conscience », caractéristique importante de l'opprimé. Voici comment Du Bois nous la décrit : « Chaque Noir américain doit vivre une double vie, comme Noir et comme Américain, entraîné par le courant du XIXe siècle, mais toujours en lutte contre les remous du XVe siècle — sa confiance en lui ne peut qu'en être moralement ébranlée ; ne peuvent émerger qu'une conscience de soi douloureuse et un sens presque morbide de sa propre identité[6]. » Signalons finalement que la notion de « double conscience » renvoie au titre même de son livre, *Les âmes du peuple noir.*

Le passage de Du Bois comme professeur assistant à l'université de Pennsylvanie lui permit, grâce à une aide financière, de mener une enquête sociologique sur la situation des Noirs dans le Sud des États-Unis où sévissait une ségrégation féroce.

Ce travail aboutit à la publication de *The Philadelphia Negro* (1899) où l'auteur établit une corrélation entre la criminalité et les conditions sociales. Cette hypothèse garde toute son actualité et se vérifie dans d'autres sociétés. D'où son caractère universel.

La contribution de Du Bois ne se confina pas à ses activités intellectuelles. Il eut le mérite de créer, en collaboration avec d'autres personnalités, le premier institut afro-américain d'arts, de lettres et de sciences : the American Negro Academy. Sa participation aux divers Congrès panafricains tenus à Paris, à Londres, à New York, à Manchester fut inestimable. Pour résumer la pensée et l'apport de Du Bois, Magali Bessone a écrit : « Il fonde la conscience et la voix d'un « peuple noir » qui est aussi un peuple américain, militant pour un certain nationalisme noir, mais contre la ségrégation,

[6] W.E.B. Du Bois, *Les âmes du peuple noir,* Paris, Éd. La Découverte, 2007, p. 192.

avocat des « races » différentes, mais pour les conduire à se fondre en une culture unique de l'humanité[7]. »

Kwame Anthony Appiah et Henry Louis Gates, Jr, directeurs de la publication de l'encyclopédie *Africana*[8] parue en 1999, à New York, ont dédié ce travail gigantesque à la mémoire de Du Bois pour sa « contribution monumentale » (p. XVI). Cet hommage justifié succède à de nombreux autres. En 1959, Du Bois fut honoré du Prix Lénine.

L'Université de Prague lui conféra en 1958 le titre honorifique de docteur. En 1994, l'Université du Massachusetts attribua son nom à sa principale bibliothèque.

En 1992, le Service postal des États-Unis mit en circulation un timbre à son effigie. W.E.B. Du Bois mourut en 1963 à la veille de la marche sur Washington pour les droits civiques des Noirs. Naturalisé Ghanéen, il bénéficia de funérailles nationales au Ghana.

---

[7] Ibid., p. 271.

[8] Nous regrettons que les auteurs de cet ouvrage n'y aient pas accordé une plus grande place aux inventeurs et savants du monde noir.

JEAN PRICE MARS

(1876 - 1969)

Jean Price Mars est sans doute le seul savant haïtien qui jouisse, pour l'ensemble de son œuvre, de la vénération de l'intellectualité haïtienne. On lui attribua les titres les plus dithyrambiques : « Le rempart de la République, un symbole, le guide spirituel, le père de la négritude, le père de l'haïtianisme… ». Dans ce chapitre, nous tâcherons de mettre en lumière son apport à la pensée haïtienne et universelle dans les domaines de l'ethnologie et de l'histoire.

Né à la Grande Rivière du Nord, le 15 octobre 1876, Jean Price Mars fit ses études au collège Grégoire du Cap-Haïtien et les acheva en 1895 au lycée Pétion où plus tard, il enseignera l'histoire et la géographie jusqu'en 1930. Médecin de formation, il a suivi une longue carrière politique et diplomatique dont il ne conviendrait pas à notre propos de retracer ici toutes les étapes. Disons cependant qu'en 1930, Jean Price Mars fut élu sénateur par le Département du Nord. En 1946, il fut nommé secrétaire d'État des Relations Extérieures et des Cultes, et secrétaire d'État de l'Éducation nationale. À titre d'ambassadeur, il siégea en 1949 aux Nations Unies. En novembre 1957, il devint ambassadeur d'Haïti à Paris. Enfin à plusieurs reprises, il fut chargé de missions spéciales dans de nombreuses capitales : Prague, Genève, Paris, Washington, La Havane. Avec le concours de Jacques Roumain et des docteurs Louis Mars, Catts Pressoir, Camille Lhérisson, il fonda en 1941 l'Institut d'ethnologie d'Haïti où il occupa la chaire d'« africologie » et de sociologie. En 1958, cet institut fut transformé en Faculté. Price Mars créa la Société d'histoire et de géographie d'Haïti dont il dirigea pendant longtemps la Revue du même nom. Outre ces institutions destinées à la formation de la jeunesse et à la promotion de la recherche scientifique, on lui doit une œuvre imposante surtout par la diversité des disciplines abordées : histoire, anthropologie, pédagogie, littérature, sociologie, géographie, ethnologie. Parmi ses principales publications, on compte *La vocation de l'élite* (1919), *Ainsi parla l'oncle* (1928), *Une étape de l'évolution haïtienne* (1929), *Formation ethnique, Folklore et Culture du peuple haïtien* (1929), *La République d'Haïti et la République Dominicaine* (1953). À cette bibliographie que nous avons voulue sommaire, il faut adjoindre des articles parus dans des revues tant nationales qu'étrangères. Mais son ouvrage fondamental demeure sans nul doute *Ainsi parla l'oncle* traduit en plusieurs langues. Cet essai se compose dans une large mesure de conférences prononcées durant la période de l'occupation américaine (1915-1934). Dès l'Avant-propos, l'auteur précise ses intentions : « Toute la matière de ce livre n'est qu'une tentative d'intégrer la pensée populaire haïtienne dans la discipline de l'ethnographie traditionnelle[1]. » Ce projet fort bien réussi d'ailleurs s'inscrivait dans un contexte historique déterminé : l'occupation d'Haïti par les Américains. Cette occupation se heurta à deux formes de résistance : celle par les armes, incarnée par Charlemagne Péralte et Benoît Batraville, et celle de l'esprit, représentée notamment par Georges Sylvain et les revues qui virent le jour au cours de cette période : *La Nouvelle Ronde* (1925) et la *Revue Indigène* (1927). L'occupation américaine marqua profondément les esprits et fut une catastrophe pour la société haïtienne que l'occupant, d'un air superbe, vouait au mépris. Devant le désarroi du peuple haïtien, Jean Price Mars s'évertua à en chercher les causes fondamentales. Dans *Ainsi parla l'oncle*, il va, d'entrée de jeu, poser le grave problème de cette aliénation qu'il qualifie de bovarysme « collectif », concept diffusé par le philosophe Jules de Gaultier et inspiré par le roman de Gustave Flaubert, *Madame Bovary* (1857). Ce concept se définit, d'après Gaultier, « comme le pouvoir qu'a l'homme de se concevoir autre qu'il n'est ». Autrement dit, c'est « cette tendance qu'ont certains, écrivait André Gide, à doubler leur vie d'une vie imaginaire ». Qu'il nous soit permis, pour mieux illustrer notre propos, de citer plus ou moins abondamment Jean Price Mars : « Mais, par une logique implacable, au fur et à mesure que nous nous efforçons de nous croire des Français « colorés », nous désapprenions à être des Haïtiens tout court, c'est-à-dire des hommes nés en des conditions historiques déterminées, ayant ramassé dans leur âme comme tous les autres groupements humains, un complexe psychologique qui donne à la communauté

[1] Jean Price Mars, *Ainsi parla l'oncle,* Montréal, Éd.Leméac, 1973, p. 43.

haïtienne sa physionomie spécifique. Dès lors, tout ce qui est authentiquement indigène — langage, mœurs, sentiments, croyances — devient suspect, entaché de mauvais goût aux yeux des élites éprises de la nostalgie de la patrie perdue[2]. » Price Mars entreprend donc d'établir l'identité nationale haïtienne par des considérations historiques, sociologiques, ethnographiques. Il prend à témoin l'histoire d'Haïti et les anciennes civilisations africaines qu'il exalte et qui, à ses yeux, auraient dû fournir au nègre haïtien des motifs de fierté. L'un des mérites incontestables du Dr Price Mars comme ethnologue a été relevé par Mesmin Gabriel dans un article, « Une théorie de la culture haïtienne » : « Si des compatriotes éminents ont été amenés, par la nature même des sujets qu'ils développaient, à considérer l'héritage africain de nos mœurs et de notre mentalité, c'est le Dr Jean Price Mars qui, le premier, a *systématiquement*[3] posé l'existence d'une culture haïtienne[4] ». Selon Roger Bastide, « Le Dr Jean Price Mars a été ainsi le premier à ouvrir la voie à la théorie moderne de la normalité culturelle ou sociologique de la possession et cela justement parce que, pour la juger et l'analyser, il a refusé de s'enfermer dans les préjugés d'une classe et d'accepter le point de vue partiel de l'élite[5]. » « Et c'est en effet grâce à cet élargissement, poursuit Roger Bastide, que notre savant est arrivé à détruire un certain nombre de théories fausses comme à ouvrir des voies

---

[2] Ibid., p. 44-45.

[3] Souligné par l'auteur.

[4] *Témoignages sur la vie et l'œuvre du Dr Jean Price Mars,* Port-au-Prince, Imprimerie de l'État, 1956, p. 188.

[5] Ibid., p. 200.

nouvelles à l'africanisme[6]. » Depuis la parution d'*Ainsi parla l'oncle,* écrivains, artistes, scientifiques ont suivi les conseils du maître en puisant dans leur milieu la matière de leurs œuvres.

Ethnologue, Jean Price Mars s'est révélé aussi un grand historien qui s'intéressait à la fois aux nouvelles situations engendrées par la transplantation des civilisations africaines en Haïti et aux relations de ce pays avec les républiques voisines : la République Dominicaine, les États-Unis, Cuba.

De ses œuvres historiques se détache *La République d'Haïti et la République Dominicaine* (1953) traduite en espagnol. S'appuyant sur une riche documentation, le Dr Jean Price Mars jette un nouvel éclairage sur l'histoire des rapports haïtiano-dominicains pour l'édification des historiens de l'État voisin. Par exemple, il a éveillé l'attention sur le rôle important rempli par la diplomatie haïtienne dans l'indépendance de la République Dominicaine. En 1871, le gouvernement haïtien avait déjoué, par voie diplomatique, un plan d'annexion de la République Dominicaine par les États-Unis afin d'éviter le « plus grand péril qu'elle [la patrie haïtienne] eût encouru, déclara Price Mars, après les guerres d'indépendance[7]. » Quant à la question de l'occupation de la République Dominicaine par Haïti, Price Mars a démontré que cet événement se produisit à la demande des Dominicains eux-mêmes : des pétitions en provenance de ce pays furent adressées en 1821 au président

[6] Ibid., p. 199.

[7] Cité par Michel Fièvre, « Sur les pas d'Anténor Firmin – Le Docteur Jean Price Mars et la défense de notre communauté », dans *Témoignages sur la vie et l'œuvre du Dr Jean* Price *Mars,* Port-au-Prince, imprimerie de l'État, 1956, p. 149

haïtien, Jean-Pierre Boyer, pour une fusion des deux Républiques. Price Mars va encore plus loin dans son étude en indiquant que l'unification des deux pays relèverait de l'utopie. Car leurs systèmes culturels diffèrent et s'opposent même. L'originalité de Price Mars réside aussi dans son approche méthodologique : il met les ressources de l'ethnologie au service de l'analyse historique dans son étude des relations haïtiano-dominicaines.

La qualité exceptionnelle de ses travaux, la profondeur de sa pensée ont valu au Dr Jean Price Mars un rayonnement prodigieux. En 1956, à l'occasion de son quatre-vingtième anniversaire, des admirateurs haïtiens et étrangers lui rendirent hommage en lui consacrant un livre. « En 1959, a noté Victoria Gairin, l'Académie française remit à Price Mars un prix spécial qui distingue l'ensemble de son œuvre pour ce qu'elle apporte à l'étude de l'Afrique en France[8]. » Docteur honoris causa de l'université de Dakar, il fut membre de l'Académie des sciences d'Outre-mer (Paris). En 1966, il reçut le prix littéraire des Caraïbes. Président du premier Congrès international des écrivains et artistes noirs, tenu à Paris en 1956, Price Mars fut médaillé à titre de commandeur de la Légion d'honneur. La date du centenaire de sa naissance, le 15 octobre 1976, fut solennellement célébrée par l'Académie des sciences humaines et sociales d'Haïti. À sa mort, le gouvernement de François Duvalier lui fit des funérailles nationales.

[8] Victoria Gairin, « *Ainsi parla l'oncle, de Jean Price Mars* » dans *Le Point* Hors-Série, *La pensée noire, Les textes fondamentaux,* Avril-mai 2009, p. 52

WILLIAM ARTHUR LEWIS

(1915 - 1991)

Comme Derek Walcott[1], Prix Nobel de littérature en 1992, William Arthur Lewis est né à Sainte-Lucie, ancienne colonie anglaise des petites Antilles, située non loin de la Martinique et de Saint-Vincent. Issu d'une famille de cinq enfants, Lewis perdit son père à l'âge de sept ans. Instituteurs, son père et sa mère, originaires d'Antigua, s'étaient installés à Sainte-Lucie. En 1929, Lewis termina ses études au Collège Saint-Mary ; il était âgé de quatorze ans. Trop jeune pour entrer à l'université, il exerça la fonction de commis au service du gouvernement d'alors. Mais il rêvait avant tout de devenir ingénieur. Sachant que les compagnies n'accepteraient jamais d'embaucher un ingénieur noir, il s'adonna aux études commerciales. Ayant bénéficié d'une bourse, il fut admis en 1933 à la London School of Economics (Angleterre). En 1937, il obtint un bacca-

[1] Walcott a écrit une pièce sur un homme politique haïtien : Henri Christophe : *A Chronicle in Seven Scenes*, Bridgtown (Barbados), Ed. Advocate Company, 1950

lauréat en commerce avec mention honorable. Grâce à une autre bourse, il a pu poursuivre des études en économie industrielle, qui l'ont conduit jusqu'au doctorat. En 1940, il fut reçu docteur en économie à la London School of Economics.

William A. Lewis a connu une brillante carrière à la fois de professeur et d'économiste. Professeur aux universités de Londres et de Manchester, Lewis professa également à l'université de Princeton (États-Unis) en 1968. Il fut vice-président de l'University of the West Indies et fonda la Caribbean Development Bank of Barbados dont il devint le président. Conseiller économique pour les Nations Unies auprès du premier ministre du Ghana, Lewis n'a pratiquement jamais interrompu ses travaux de recherche qui embrassent trois champs principaux : l'histoire du développement économique du monde, l'économie industrielle et les problèmes économiques des pays sous-développés. On compte Lewis parmi les premiers économistes qui, contestant l'idée que la croissance économique était toujours souhaitable, considèrent l'économie mondiale comme un tout. Quant à l'économie des pays du TiersMonde, Lewis propose des idées d'une étonnante originalité. D'après lui, le système économique d'une nation repose sur une dualité : d'un côté, on a le secteur agricole et de l'autre, le secteur industriel. Le principal moyen d'améliorer la balance commerciale et d'assurer le développement du Tiers-Monde consiste à accroître la productivité agricole et à investir les épargnes dans l'expansion du secteur industriel. Bien entendu, la formation de la main-d'œuvre s'avère capitale. Selon William A. Lewis, un pays sous-développé peut élever ses épargnes de quatre ou cinq pour cent à plus de quinze pour cent dans un court laps de temps à partir de son revenu national. Pour lui, le développement du Tiers-Monde requiert une solution différente de celle du Plan Marshall, caractérisé par un investissement massif de capitaux et d'équipements dans l'Europe occidentale de l'après-guerre. Non seulement la vision de Lewis du développement tient compte de la composante économique, mais elle prend en considération le facteur social. Disons enfin que Lewis s'est aussi montré sensible à la situation des Noirs Américains dont les conditions de vie en général rappellent celles des populations du Tiers-Monde. Nombreuses sont ses publications. Nous n'en avons retenu que quelques titres : *Economic Survey 1919-1939* (1949), *Overhead Costs : Some Essays in Economic Analysis* (1950), *Theory of Economic Growth* (1955), *Education and Economic Development* (1965), *Some Aspects of Economic Development* (1969), *The Evolution for the International Economic Order* (1977).

La qualité des travaux de William A. Lewis lui a valu un rayonnement international. Par exemple, les Universités américaines de Columbia, Howard, Yale, les Universités de Lagos, de Toronto, des West Indies lui ont conféré des titres honorifiques. Membre d'honneur de la London School of Economics, il était aussi membre correspondant de l'Académie Britannique (Angleterre). À ces distinctions s'en ajouta une autre des plus prestigieuses : le prix Nobel d'économie que Lewis partagea en 1979 avec l'Américain Theodore Schultz pour leurs recherches de pionniers dans le domaine du développement économique en rapport avec les problèmes concernant les pays sous-développés. William A. Lewis est mort à la Barbade en 1991.

David Blackwell

DAVID BLACKWELL

(1919 - 2010)

Il arrive parfois que des esprits exceptionnellement doués se révèlent à la fleur de l'âge. Le mathématicien et physicien français Blaise Pascal inventa, à dix-huit ans, une machine arithmétique. Karl Marx a obtenu son doctorat en philosophie à vingt-trois ans. Âgé de vingt-deux ans, David Blackwell possédait un doctorat en mathématiques.

Né en 1919 à Centralia (Illinois), David Blackwell a concrétisé son rêve d'enseigner dans une école élémentaire. Cependant, l'avenir lui réservait une carrière de professeur beaucoup plus gratifiante. Après ses études secondaires, il entra à l'université d'Illinois où il passa son baccalauréat, sa maîtrise, son doctorat respectivement en 1938, 1939 et 1941. Un peu plus tard, il lia connaissance avec John Von Newman, le célèbre mathématicien hongrois qui jeta les bases de la théorie du jeu dont Blackwell allait s'inspirer. De 1942 à 1943, il enseigne à Baton Rouge. Au bout d'un an, on le rencontre au Clark College (Atlanta). De 1944 à 1954, David Blackwell occupe une chaire de professeur à l'université Howard. En 1954, il enseigne la statistique à l'université de Californie (Berkeley). Il importe de noter que durant la période 1973-1975, Blackwell dirigea l'University of California Study Center. Il prit sa retraite en 1989. Blackwell a donc connu une carrière universitaire extrêmement riche et épanouissante.

Au cours d'une entrevue[1], Donald J. Albers lui demanda s'il se considérait comme statisticien ou mathématicien. David Blackwell répondit qu'il ne cherchait pas à s'étiqueter lui-même ni à étiqueter les autres. On peut affirmer que chez Blackwell le mathématicien et le statisticien faisaient bon ménage. Car les deux disciplines se recoupent, se rejoignent tant dans son enseignement que dans ses travaux touchant à différents domaines : théorie des probabilités, analyse de prise de décision en situation de conflit, théorie de l'information, théorie du jeu, théorie du duel, etc. L'apport le plus important de Blackwell à la statistique réside dans son étude, *Conditional Expectation and Unbiased Sequential Estimation.* Aujourd'hui, ce travail est désigné sous le nom de « Rao-Blackwell Theorem ». Son ouvrage, *Theory of games and Statistical Decisions* (1954), écrit en collaboration avec Abe Girshick, trouve des applications en topologie. Outre la stratégie militaire, des sciences telles que l'économie, la comptabilité tirent parti des recherches de Blackwell. Au cours d'un entretien[2] accordé à Morris H. DeGroot, il raconta que son nom avait paru trois

---

[1] Donald J. Albers et G.L. Alexanderson, Birk Hauser, Boston, Basel, Stuttgart, 1985, p. 23

[2] « A Conversation with Blackwell », *Statistical Science*, California, Ed. Institute of Mathematical Statistics, vol. 1 no 1, February 1986, p. 42.

fois dans le journal de son école : *School Science and Mathematics.* La raison ? C'est qu'il avait fourni des solutions à des problèmes de mathématiques. En tant que chercheur, Blackwell a connu la même fortune. En 1974, il eut l'honneur d'être invité comme conférencier par l'Université de Cambridge (Angleterre), Membre de l'Académie Nationale des Sciences des États-Unis, il a reçu plusieurs titres honorifiques d'institutions fort respectables : les universités de l'État du Michigan, de Howard, de Harvard et du Lesotho. En 1979, on lui décerna le prix John Von Newman. Enfin, le Committee of Presidents of Statistical Societies lui remit en 1986 le R.A. Fisher Award. Retraité et comblé, David H. Blackwell avait consacré une bonne partie de son temps à un projet de théorie de l'information.

CHEIKH ANTA DIOP

(1923 - 1986)

Il est des personnalités dont l'œuvre, par sa singularité, déconcerte, suscite la controverse ou l'indifférence. Souvent l'histoire elle-même se charge de les réhabiliter. Tel fut le cas de Copernic, Galilée, Stendhal, Van Gogh pour ne citer que ceux-là. Un peu plus près de nous, Cheikh Anta Diop a connu plus ou moins le même destin. En effet, après sa mort, la majorité des commentateurs de ses travaux lui attribuèrent des titres les plus élogieux. Odile Tobner et Mongo Beti le considèrent comme « le fondateur d'une archéologie proprement africaine[1] ». Fabrice Hervieu Wane voit en lui « le restaurateur de la conscience noire[2] ». Elikia M'Bokolo le qualifie « d'historien le plus populaire d'Afrique[3] ».

---

[1] Mongo Beti et Odile Tobner, *Dictionnaire de la négritude*, Paris, Ed. L'Harmattan, 1989, p. 90.

[2] Fabrice H. Wane, « Cheikh Anta Diop, restaurateur de la conscience noire » dans *Le Monde diplomatique*, janvier 1998, p. 24-25.

[3] Cité par Philippe Leymarie, « Afrique » dans *Le Monde diplomatique*, février 1998, p. 30.

Quand on parle de Cheikh Anta Diop, certaines remarques s'imposent : il acquit une solide formation pluridisciplinaire ; il fut un militant politique qui porta un intérêt capital à l'histoire en mettant à contribution son immense érudition et ses connaissances scientifiques. C'est donc à l'historien chez Cheikh Anta Diop que nous nous intéresserons. Il naquit le 29 décembre 1923, au Sénégal, ancienne colonie française qui obtint son indépendance en 1958. Après ses études secondaires à Saint-Louis et à Dakar en 1945, il se rendit à Paris où il assista aux cours de philosophie donnés par Gaston Bachelard. Il étudia également la physique nucléaire et la chimie au laboratoire du Collège de France et au laboratoire Curie. À partir de 1956, Diop enseigna ces deux disciplines aux lycées Voltaire et Claude Bernard à Paris. Sa thèse sur l'origine nègre de l'Égypte ancienne fut refusée à la Sorbonne. En revanche, le 9 janvier 1960, il y soutint avec succès sa thèse de doctorat d'État ès lettres. Celle-ci parut aux Éditions Présence Africaine sous les titres : *L'Afrique noire précoloniale* et *l'Unité culturelle de l'Afrique noire*. De retour dans son pays natal, Cheikh Anta Diop s'adonna à l'enseignement et à la recherche. À la faculté des lettres de l'université de Dakar, il occupa la chaire d'histoire ancienne tout en dispensant des cours à l'IFAN (Institut fondamental — autrefois français — de l'Afrique noire) où, de 1963 à 1966, il créa, en collaboration technique avec le CNRS de Gif-sur-Yvette, le laboratoire du radiocarbone de Dakar. Dans le bulletin de l'IFAN, il publia de nombreux articles scientifiques. Citons-en quelques-uns : « La pigmentation des anciens Égyptiens. Test par la mélamine », n° 3, 1973 ; « La métallurgie du fer sous l'Ancien Empire égyptien », série B, n° 30, 1968 ; « À propos de la chronologie », n°s 3-4, 1967 ; « Histoire primitive de l'humanité : évolution du monde noir », n°s 3-4, 1962 ; « Centre de datation de l'IFAN. Datation par la méthode du radiocarbone », série III, n° 4, 1972. Notons que la plupart des œuvres de Diop ont été rééditées et traduites en anglais. Nous avons retenu les titres suivants : *Nations nègres et culture* (1954), *Antériorité des civilisations nègres : mythe ou vérité historique ?*(1967), *Parenté génétique de l'égyptien pharaonique et des langues négro-africaines* (1977), *Civilisation ou Barbarie* (1981), *Nouvelles recherches sur l'égyptien ancien et les langues négro-africaines modernes* (1988). Cet ouvrage posthume est préfacé par le professeur Théophile Obenga. Si les premières œuvres de C.A. Diop avaient soulevé de très vives réactions dans les milieux intellectuels, c'est qu'elles avaient baigné dans un climat idéologique tout à fait particulier que nous décrit Fabrice H. Wane : « Anthropologues et historiens africanistes, égyptologues traditionalistes, pour la plupart français et occidentaux, semblent encore pétris de terribles préjugés : l'infériorité de la race noire, le prélogisme de la mentalité primitive, l'exclusion du monde africain noir de l'histoire universelle… Cheikh Anta Diop va prendre le contre-pied théorique de ce milieu solidement établi dans l'enceinte même de l'université française. D'abord par la présentation de sa thèse, qui sera refusée, ensuite par la publication de *Nations nègres et culture* en 1954.

Le livre sonne comme un coup de tonnerre dans le ciel tranquille de l'establishment intellectuel : l'auteur y fait la démonstration que l'Égypte ancienne était négro-africaine[4] ». Anténor Firmin qui ne figure pas dans la bibliographie du livre de Diop avait consacré dans *De*

[4] Fabrice Hervieu Wane, « Cheikh Anta Diop, restaurateur de la conscience noire » dans *Le Monde diplomatique*, janvier 1998, p. 24

l'égalité des races humaines un chapitre à la question de l'origine des anciens Égyptiens : « L'Égypte et la civilisation » (p.203-230). Sa position était la même que celle de Cheikh A. Diop dont la contribution à ce sujet s'avère considérable. Pour mettre en lumière l'apport de C.A. Diop à la recherche historique, Wane a précisé : « Aussi faut-il attendre vingt ans pour qu'une grande partie de ses théories se trouve confortée, à la suite du colloque international du Caire de 1974, organisé sous l'égide de l'UNESCO et réunissant parmi les plus éminents égyptologues du monde entier. Et plus de vingt autres années pour qu'il soit pris acte de son œuvre après sa disparition. Certaines idées de Cheikh Anta Diop, principalement l'historicité des sociétés africaines, l'antériorité de l'Afrique et l'africanité de l'Égypte, ne sont plus discutées[5]. » Rendant à Diop un hommage ému, Amadou Mahtar M'Bow s'exprimait ainsi : « Je suis particulièrement heureux aussi, en tant qu'ancien Directeur général de l'UNESCO, de souligner la part que Cheikh Anta Diop a prise dans l'œuvre de l'organisation et, en particulier, dans la mise en œuvre du projet de l'Histoire générale de l'Afrique. Il a été l'un des animateurs les plus enthousiastes et les plus inspirés de ce projet[6]. » Le nom de Cheikh Anta Diop restera « attaché à jamais à la renaissance de l'histoire de l'Afrique. Ses travaux ont permis de lever le voile sur des pans entiers du passé de l'Afrique, permettant en même temps de combler de graves lacunes dans la connaissance de l'évolution générale de l'humanité. Ils ont permis en outre aux Africains de mieux retrouver une part importante de leur mé-

[5] Ibid, p. 25

[6] Amadou Mahtar M'Bow, « Hommage à Cheikh Anta Diop » dans *Présence Africaine*, no 149/150, 1989, p. 8-9

moire collective où ils peuvent mieux percevoir les fondements de leur identité culturelle[7]. » De son côté, Pathé Diagne se laissait gagner par l'indigna-tion : « L'hostilité qui l'a entouré [Diop] fut telle qu'il est étonnant, sinon indécent de voir, en 1986, au moment de sa mort, tour à tour *Le Soleil* de Dakar, *Jeune Afrique,* France Inter, l'Université, qui ne ménagèrent guère ce savant sûr de lui-même et des plus courtois, s'accorder unanimement sur l'œuvre qu'il laisse derrière lui et affirmer au monde, qu'il s'agissait d'une contribution majeure et manifeste[8] ». Ferrán Iniesta, lui, disait au sujet de Diop : « Pourtant, c'est à lui que les sciences sociales sont redevables de la possibilité d'observer la réalité avec des yeux noirs et c'est dans cette singularité que se trouve l'universalité de cette longue bataille menée par le Sénégalais[9] ».

Aux marques de reconnaissance surtout posthume de l'œuvre de Cheikh Anta Diop s'ajoute le dossier savamment établi par l'historien et égyptologue Jean Charles Gomez sur le colloque de Dakar (février-mars 1996), intitulé *L'œuvre de Cheikh Anta Diop*

— *La Renaissance de l'Afrique au seuil du troisième millénaire.* En dépit de l'incompréhension à laquelle les travaux de Diop s'étaient heurtés, il serait juste d'évoquer des hommages qu'on avait bien voulu lui rendre. En 1966, il partagea avec W.E. B. Du Bois le prix du 1er Festival des arts nègres récompensant « le penseur qui aura le

[7] Cité par Jean-Marc Éla, « Conscience historique et révolution africaine chez Cheikh Anta Diop » dans *Présence Africaine,* no 149/150, p. 162-163

[8] Pathé Diagne, *Cheikh Anta Diop et l'Afrique dans l'histoire du monde*, Paris, Ed. L'Harmattan, 1997, p. 8-9.

[9] Ferrán Iniesta, *L'univers africain Approche historique des cultures noires*, Paris, Ed. L'Harmattan, 1995, p. 15-16.

plus influencé le monde noir au XXe siècle[10] ». Aux États-Unis, le 4 avril 1975, l'African Heritage Studies Association lui décerna une plaque commémorative pour son apport à la préservation et au développement du patrimoine des peuples noirs dans le monde. En février 1980, Cheikh Anta Diop reçut de l'Université du Zaïre (L'actuelle République démocratique du Congo) la médaille de la recherche scientifique africaine et le Grand Prix du Mérite scientifique africain. Le 4 avril 1985 fut proclamé le « Dr Cheikh Anta Diop Day » à Atlanta (États-Unis) où il était invité et accueilli par l'Association Martin Luther King et le maire, Andrew Young, ex-ambassadeur américain aux Nations Unies. L'université de Dakar a été rebaptisée en 1987 université Cheikh Anta Diop.

[10] Pathé Diagne, *Cheikh Anta Diop et l'Afrique dans l'histoire du monde*, Paris, Ed. L'Harmattan, 1997, p. 9.

TECHNIQUE

Norbert Rillieux

NORBERT RILLIEUX

(1806 - 1894)

À la lecture des biographies de Norbert Rillieux, on est tenté d'effectuer des rapprochements entre ce dernier et le général Alexandre Dumas[1], père du célèbre romancier du même nom. En effet, tous les deux avaient un père de nationalité française et une mère noire esclave vivant sur une plantation. Tous les deux sont nés hors de France : Alexandre Dumas a vu le jour à Jérémie, ville côtière de l'actuelle République d'Haïti

---

[1] Mgr Willy Romélus a fondé, à Latibolière, localité située non loin de Jérémie, le collège Alexandre Dumas.
Le 30 novembre 2002, lors d'une cérémonie officielle, les cendres du romancier Alexandre Dumas père furent transférées au Panthéon à Paris. À cette occasion, le président Jacques Chirac déclarait : « La République, aujourd'hui, ne se contente pas de rendre les honneurs au génie d'Alexandre Dumas. Elle répare une injustice qui a marqué Dumas dès l'enfance, comme elle marquait déjà au fer la peau de ses ancêtres ». *Le monde,* 3 décembre 2002, p. 34.
Le samedi 4 avril 2009, à la Place du Général-Catroux à Paris, on inaugura un monument en hommage au général Alexandre Dumas (1762-1806).

dénommée Saint-Domingue sous la domination française ; Norbert Rillieux a pris naissance en 1806 à la Nouvelle-Orléans, aux États-Unis. Ici s'arrête le parallèle entre les deux hommes. Car leur carrière les oppose diamétralement. Alexandre Dumas se voue au métier des armes et combat victorieusement pour la France napoléonienne. André Maurois a dit à son sujet : « Un Dumas valait, à lui seul, un escadron. Ses exploits légendaires étaient invraisemblables, mais vrais[2]. » À la mémoire du général Dumas, la ville de Paris érigea, en 1906 sur la place Malesherbes, un monument qui fut renversé de son piédestal pendant l'occupation nazie en 1943 et qui, jusqu'à présent, n'a pas été réinstallé. Cela dit, Norbert Rillieux, lui, s'intéressa plutôt au génie mécanique.

Du fait qu'en ce temps-là, les possibilités d'accès à l'éducation pour un Noir étaient pratiquement nulles, le père de Norbert Rillieux qui était ingénieur et possédait une plantation à la Nouvelle-Orléans envoya son fils faire des études en France. Le jeune Rillieux fut admis à l'École Centrale de Paris où il devint plus tard professeur de mécanique appliquée, puis directeur de cette institution. Dès l'année 1830, Rillieux commença à publier, sur les machines à vapeur, des articles fort bien accueillis dans les milieux scientifiques européens. Ainsi développa-t-il sa théorie de l'évaporation à effet multiple qui constituait la base de son invention destinée à révolutionner l'industrie du sucre dans le monde. Pour mieux mettre en évidence l'apport de Rillieux dans ce domaine, rappelons certains faits. Le sucre obtenu à partir de la transformation du vesou (le jus de canne à

[2] André Maurois, *Les trois Dumas,* Paris, Ed. Hachette, 1957, p. 19.

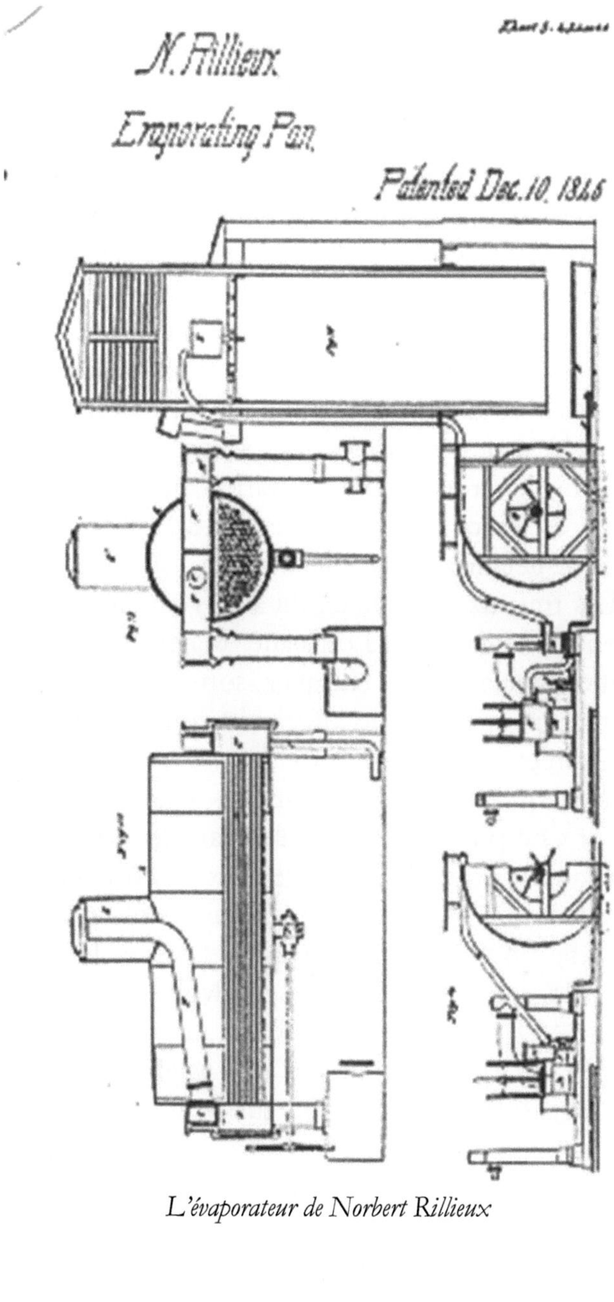

L'évaporateur de Norbert Rillieux

sucre) résulte de l'application d'une méthode un peu primitive appelée « Jamaica Train ». Lente, cette technique était également coûteuse et la qualité du produit fini, médiocre. Il a fallu trouver un moyen pour raffiner le sucre et le granuler sans qu'il perde de sa saveur. S'appuyant sur les travaux de deux autres scientifiques, Howard et De Grand, Norbert Rillieux réussit à créer un évaporateur[3] qui permit de produire du sucre d'excellente qualité. L'utilisation de l'invention de Rillieux par Theodore Packwood sur sa plantation (Myrtle Grove) a connu un succès inouï. Plusieurs manufactures de la Louisiane ont eu recours à son évaporateur. Aujourd'hui, le procédé d'évaporation mis en œuvre par Rillieux est employé dans les usines de lait condensé, de savon, de gélatine, de colle-forte, etc.

Les travaux de Rillieux lui avaient assuré un rayonnement prodigieux en Louisiane. Malgré tout, la discrimination raciale vint entraver son ascension sociale. D'autant plus qu'on le décrivait comme un homme franc, direct, sensible et épris de justice. Il conviendrait d'ajouter qu'à la Nouvelle-Orléans, « une personne de couleur » ne pouvait pas circuler dans les rues sans une autorisation écrite. Refusant de se soumettre à cette mesure infamante, Norbert Rillieux quitta définitivement la Louisiane en 1854 et retourna en France. Il se livra à l'égyptologie et à l'étude des hiéroglyphes. Il mourut le 8 octobre 1894 et fut enterré à Paris au cimetière du Père Lachaise où furent inhumées des célébrités comme la chanteuse Edith Piaf, l'inventeur belge de la première

---

[3] Numéro du brevet* : 4, 879, 10 décembre 1846.

* Cité par Louis Harber dans *Black Pioneers of Science and Invention*, New York, Ed. Harcourt Brace Jovanovicle inc., 1970, p. 25

dynamo industrielle, Zénobe Gramme, et le compositeur Frédéric Chopin pour ne citer que ceux-là.

À notre avis, Norbert Rillieux n'a jamais reçu, de son vivant, de témoignages éclatants de reconnaissance pour ses recherches. En revanche, J.G. McIntosh, dans son livre, *Technology of Sugar*, paru à Londres en 1903, lui consacre cinq pages soulignant l'importance de l'invention de Rillieux. Deux chercheurs lui ont rendu hommage : Charles A. Browne, un distingué chimiste du ministère de l'agriculture des États-Unis, a écrit : « J'ai toujours soutenu que l'invention de Rillieux est la plus importante dans l'histoire américaine de la chimie industrielle et je ne connais aucune autre invention qui ait profité autant à toutes les branches de la chimie industrielle[4]. » D'après Alfred Webre, spécialiste en évaporation, « Rillieux, par un grand nombre de ses idées, était en avance de cinquante à soixante-quinze ans sur son temps[5]. » En Hollande, sous l'impulsion d'un vaste mouvement désireux d'honorer la mémoire de Norbert Rillieux, une plaque en bronze représentant son buste a été fabriquée en 1934. Exposée actuellement au musée de l'État de la Louisiane, elle rappelle la contribution de Rillieux au développement de l'industrie du sucre.

[4] Ibid., p. 33
[5] Ibid., p. 33

ELIJAH MCCOY

(1844 - 1929)

La vie d'Elijah McCoy a été marquée par des circonstances quelque peu fabuleuses. Tout d'abord, ses parents, esclaves, durent s'enfuir des États-Unis et se réfugier au Canada, plus précisément en Ontario où l'on comptait le plus de Noirs libres. Leur fuite fut facilitée par ce qu'on appelle « le chemin de fer clandestin » *(Underground Railroad)*. « Le chemin de fer clandestin » désigne une organisation créée dans les années 1780 par les antiesclavagistes qui entendaient aider les esclaves noirs américains à échapper à leur condition. Ce fut donc durant le séjour de ses parents au Canada qu'Elijah McCoy naquit à Colchester (Ontario) en 1844. Sa famille revint aux États-Unis à la fin de la guerre civile et s'installa non loin d'Ypsilanti (Michigan). Après des études inachevées, il partit pour Edimbourg (Écosse) où il étudia la mécanique. De retour aux États-Unis, face aux préjugés raciaux empêchant les compagnies de lui offrir un poste approprié à sa formation, McCoy se vit contraint de travailler comme pompier pour le Michigan Central Railroad où l'une de ses tâches consistait à graisser des machines. Pour ce faire, McCoy devait arrêter les moteurs et procéder au graissage des différentes parties mobiles du train : moteur, roues, volant, etc. En ce temps-là, il en allait de même de tous les autres types de machines existantes en ce qui concerne leur lubrification. Voilà la conjoncture dans laquelle Eli-

Elijah McCoy

jah McCoy inventa un appareil[1] capable de lubrifier des machines à vapeur en marche. On s'en servit pour

[1] Numéro du brevet* : 129, 843, 2 juillet 1872.

* Cité par Robert C. Hayden, « Black Americans in the field of Science and Invention », *Blacks in Science Ancient and Modern*, New Brunswick (U.S.A.) and London (U.K.) Ed. Ivan Van Sertima, 1985, p. 218

graisser les moteurs de bateau, des cylindres. McCoy n'a jamais cessé de perfectionner son invention qu'utilisaient bien des manufactures. Il se préoccupa également du problème de lubrification des moteurs de locomotive. McCoy détenait plusieurs brevets d'invention. Malheureusement, il mourut dans un dénuement quasi complet.

À notre connaissance, Elijah McCoy n'a pas été récompensé pour ses réalisations relatives à la mécanique. Mais le fait que son nom passe dans le langage courant par le biais de l'expression « it is the real McCoy. », n'équivaut-il pas à une très haute distinction ? Précisons que cette phrase anglaise évoque l'idée d'efficacité, de perfection. Très peu de créateurs peuvent (à titre posthume ou non) se réjouir de voir leur nom entrer dans leur langue commune respective ou donner naissance à des dérivés. Parmi eux, citons Nicolas Copernic (copernicien, copernicienne), Heinrich Hertz (hertzien, hertzienne), Isaac Newton (newtonien, newtonienne).

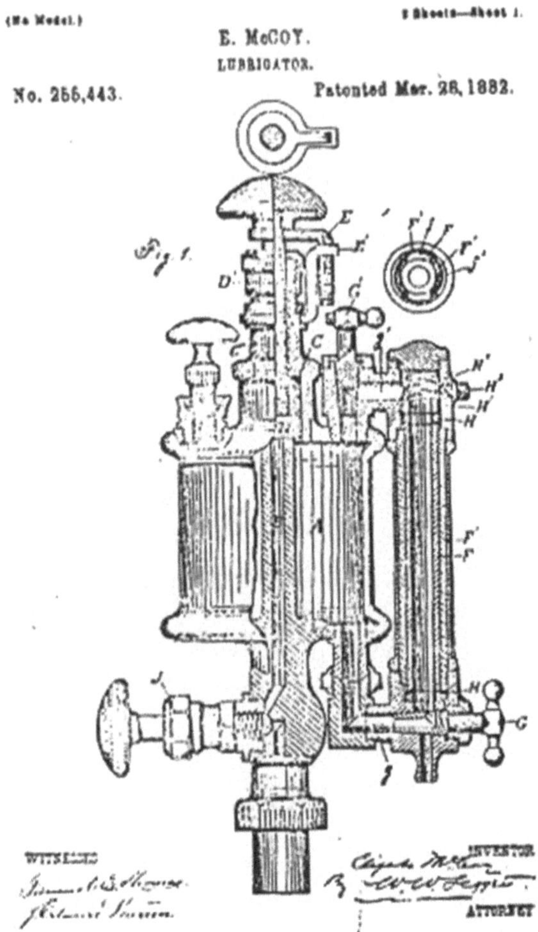

Le graisseur d'Élijah McCoy

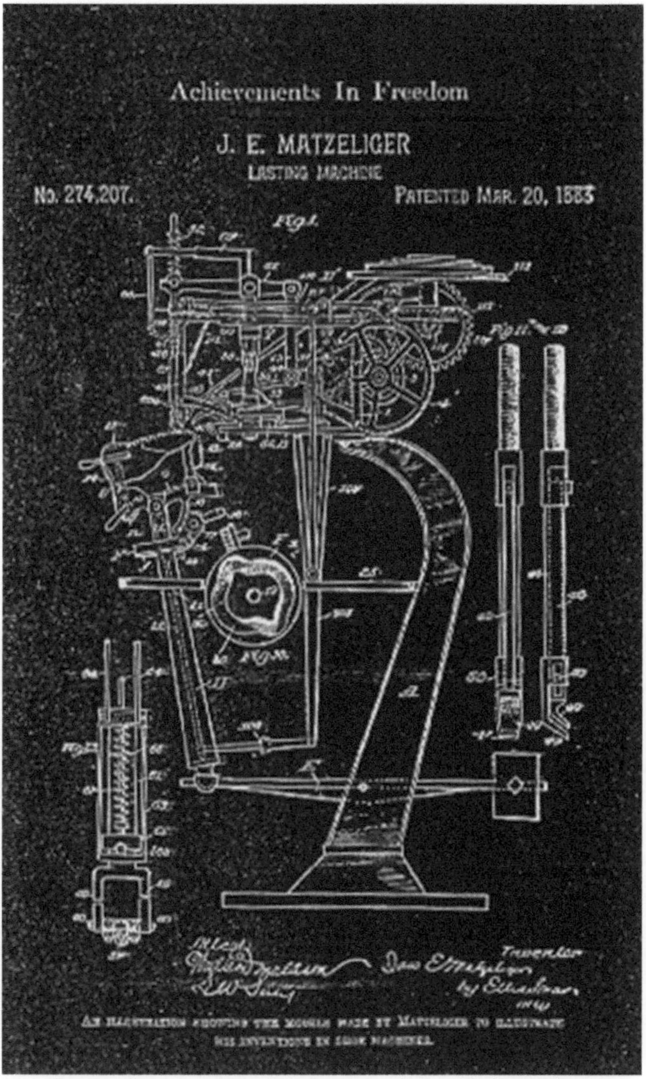

La machine à monter des empeignes de Jan E. Matzeliger

JAN EARNST MATZELIGER

(1852 - 1889)

Pour une raison ou pour une autre, certains savants et inventeurs n'ont pas eu la chance de faire des études universitaires. Ainsi du Français Charles Cros, de l'Allemand Johannes Gensfleish dit Gutenberg et de Jan E. Matzeliger.

Né en 1852, à Paramaribo, au Surinam, État limitrophe du Brésil, Matzeliger émigra en 1876 aux États-Unis où il reçut une formation scolaire tout à fait rudimentaire. Il s'établit à Boston ; puis au bout d'un an, il alla habiter à Lynn (Massachusetts). Il y restera jusqu'à la fin de sa vie qui sera très brève. Matzeliger travailla dans une manufacture de souliers dénommée Harney Brothers. C'est là qu'il put se familiariser avec certaines machines grâce à ses connaissances en mécanique. Il apprend l'anglais, suit des cours le soir, lit beaucoup et notamment des livres de physique. À l'époque de Matzeliger, plusieurs machines servant à fabriquer les différentes parties d'un soulier existaient déjà. Cependant aucune ne parvenait à relier l'empeigne à la semelle.

Cette tâche continua de s'accomplir à la main durant des années. Matzeliger se proposa de la mécaniser. À la suite de nombreuses tentatives, il réussit à construire une machine capable d'exécuter ce travail et qui porte en anglais le nom de « shoe-lasting machine[1] » (machine à monter des empeignes). Cette invention très performante a contribué considérablement à l'accroissement de la production de chaussures et a, par conséquent, entraîné une baisse de leur prix. Matzeliger améliora et perfectionna sa machine qui lui a valu trois autres brevets de l'Office des brevets des États-Unis. Ses travaux ont révolutionné l'industrie du soulier, mais lui procurèrent très peu d'avantages matériels. Avec le concours financier de Delnow et Nichols, il fonda la Union Lasting Machine Company dont le capital ne suffit pas à en assurer l'expansion. George W. Brown et Sidney W. Winslow s'y associèrent et cette société à laquelle Matzeliger avait vendu ses brevets prit le nom de Consolidated Lasting Machine Company. Celle-ci se développa rapidement pour donner naissance à la United Shoe Machinery Corporation ayant à sa tête Sidney W. Winslow comme président. Cette nouvelle entreprise gérait un capital de vingt millions de dollars en 1899. Ce montant s'éleva à un milliard en 1955.

Matzeliger, homme d'une santé fragile, fut atteint de tuberculose et n'eut pas le bonheur de récolter le profit de son invention. Il mourut en 1889 et fut inhumé au cimetière de Pine Grove, dans la ville de Lynn. Son portrait est exposé dans la sacristie de la North Congregational Church qui, par voie testamentaire, était entrée en

---

[1] Numéro du brevet* : 459, 899, 22 septembre 1891.

* Cité par Louis Harber dans *Black Pioneers of Science and Invention*, New York, Ed. Harcourt Brace Jovanovicle, 1970, p. 45.

possession d'une partie de l'héritage du prodigieux inventeur.

GARRETT A. MORGAN

(1877 - 1963)

Ce qui, chez Garrett A. Morgan, nous a frappé le plus, c'est qu'il était autodidacte et animé d'une conscience sociale et politique très aiguë. Né à Paris (Kentucky) en 1877, il était le septième d'une famille de onze enfants. Morgan avait terminé ses études primaires lorsqu'il quitta sa ville natale à l'âge de quatorze ans pour se rendre à Cincinnati, puis à Cleveland où il passa le reste de sa vie. Dans cette ville, il apprit beaucoup par lui-même à propos des machines à coudre et finit par travailler comme metteur au point chez Roots and McBride. Mais en 1907, Morgan ouvrit son atelier privé de réparation de machines à coudre. Il apporta un soutien financier à sa mère qui avait perdu son mari. En 1909, il possédait un atelier de couture où l'on confectionnait des robes, des complets, des manteaux. C'est là que Morgan a inventé le premier fixateur pour cheveux appelé G.A. Morgan Hair Refining Cream. Depuis 1913 jusqu'à aujourd'hui, la G.A. Morgan Refining Company offre toujours ses services à Cleveland et continue d'être prospère.

Toutefois, l'année 1912 fut décisive pour Morgan et marquée par l'une de ses plus importantes inventions : un capuchon de sûreté connu plus tard sous l'appellation de masque à gaz[1]. Tout en protégeant l'utilisateur contre la fumée, les gaz toxiques, ce masque ne gênait nullement sa respiration. Cette invention allait

Garrett A. Morgan

être d'une très grande utilité et servir à des fins diverses. Outre les pompiers, les soldats américains, durant la

[1] Numéro du brevet* : 1, 113, 675, 13 octobre 1914.

première guerre mondiale, eurent recours au masque à gaz de Morgan. Il a lui-même fourni certaines indications sur la fonction et les utilisateurs éventuels de son invention : « L'invention, dit-il, est efficace et utile pour la protection des ingénieurs, des chimistes et de ceux qui sont exposés à des vapeurs nocives ou à la poussière émanant de corps sur lesquels ils sont obligés de travailler[2]. » La National Safety Device Company accepta de fabriquer et de commercialiser le capuchon de sûreté de Morgan et nomma celui-ci directeur général.

Un événement exceptionnel mit à l'épreuve le masque à gaz de Garrett A. Morgan. En juillet 1916, une terrible explosion eut lieu dans un tunnel à Cleveland à plus de quatre-vingts mètres sous le lac Érié. Trente-deux hommes s'y trouvaient. Ils risquaient de mourir asphyxiés à cause de la poussière et des gaz toxiques qui se répandaient. On s'adressa à Morgan qui, accompagné de son frère Frank et muni de son masque à gaz, pénétra dans le tunnel et transporta les blessés sur son dos. Presque tous furent ainsi rescapés. Les journaux relatèrent cet événement à travers les États-Unis et Morgan fut considéré comme un héros.

Ce dernier réalisa une autre invention dont la portée universelle ne laisse aucun doute : les feux de circulation[3] automobile. On rapporte que Morgan avait assisté à un accident impliquant une automobile, un cheval et un cabriolet. Deux personnes avaient été éjectées du

---

[2] Cité par Louis Harber dans *Black Pioneers of Science and Invention*, New York, Ed. Harcourt Brace Jovanovicle, 1970, p. 92.

[3] Numéro du brevet* : 1, 475, 024, 20 novembre 1923.

Cité par Aaron Klein dans *The Hidden Contributors : Black Scientists and Inventors in America*, New York, Ed. Doubleday and Company, 1971, p. 121

cabriolet. Le conducteur de l'automobile s'était évanoui. Le cheval avait été grièvement blessé et on dut l'abattre. Témoin de cet accident regrettable, Morgan en fut bouleversé. Peu de temps après, il conçut et construisit le système de feux de circulation en usage actuellement dans tous les pays du monde. Morgan obtint des gouvernements britannique et canadien des brevets pour cette même invention. Ses droits d'auteur ont été vendus à la General Electric Corporation pour 40 000 $, une somme considérable à cette époque.

L'esprit d'entreprise et la débrouillardise n'étaient pas les seuls traits de caractère de Garrett A. Morgan, celui-ci avait pris conscience des inégalités et des injustices sociales dont ses frères de race étaient victimes. Comme directeur général de la National Safety Device Company, il exhortait les « gens de couleur » à acheter des actions. Selon lui, les journaux de Cleveland négligeaient les hommes d'affaires noirs. Il décida donc de fonder un journal, *The Cleveland Call*, devenu plus tard *The Call & Post*. Ce journal jouit d'une large diffusion à Cleveland, Cincinnati, Columbus. Morgan occupa le poste de trésorier de la Cleveland Association of Colored Men de 1914 jusqu'à son adhésion à la NAACP. Persuadé que les Noirs n'étaient pas politiquement bien représentés, il posa sa candidature à un poste au Conseil municipal de Cleveland en 1931. Il échoua. Mais trente-sept ans plus tard, Major Stokes fut élu maire de Cleveland. Stokes fut le premier maire noir d'une grande ville des États-Unis.

Bien que Garrett A. Morgan n'ait pas été un universitaire, ses travaux, par leur caractère pratique et utilitaire, ont été reconnus. En 1914, il reçut une médaille d'or de la Second International Exposition of Safety and Sanitation de la ville de New York. Un groupe de notables de Cleveland lui décerna une médaille d'or sertie de diamants, sur laquelle on pouvait lire : « À Garrett A. Morgan, notre citoyen le plus honoré et le plus brave[4]. » Cet hommage fait allusion en partie au courage et au dévouement qu'il avait manifestés lors de l'explosion dans le tunnel dont nous avons parlé. L'International Association of Fire Engineers le décora d'une médaille et le consacra membre d'honneur. Morgan mourut le 27 juillet 1963.

[4] Cité par Louis Harber dans *Black Pioneers of Science and Invention*, New York, Ed. Harcourt Brace Jovanovicle, 1970, p. 96.

FREDERICK MCKINLEY JONES

(1892 - 1961)

Comme Garrett A. Morgan, Frederick M. Jones fut un autodidacte. Né en 1892, à Cincinnati (Ohio), Jones ne fréquenta l'école que pendant quatre ans. Très jeune, réfractaire à la discipline d'un prêtre à qui on l'avait confié, Jones s'enfuit et se vit contraint de gagner sa vie en se livrant à de menus travaux. À l'âge de quatorze ans, il devint mécanicien à plein temps dans un garage et, au bout d'un an, il s'éleva au poste de contremaître. Dès son adolescence, il montra du talent et un vif intérêt pour tout ce qui touchait de près ou de loin à la mécanique. Enrôlé dans l'armée américaine durant la première guerre mondiale, Frederick M. Jones se signala par son habileté à presque tout réparer. Par conséquent, on ne tarda pas, tant du côté des unités militaires noires que des blanches, à solliciter ses services.

Jones a mis au point plusieurs inventions pour lesquelles il ne s'est pas soucié d'obtenir de brevets. Néanmoins, il a excellé dans le domaine de la réfrigération et a construit un appareil frigorifique transportable sur de longues distances. Il va sans dire que cette invention fut couramment utilisée au cours de la deuxième guerre mondiale. Elle offrait des avantages majeurs : la conservation de produits congelés, son adaptabilité à des milieux différents. On reconnaît également à Jones la paternité du climatiseur[1] ainsi que celle du thermostat[2]. Jones a créé avec Joseph Numero une compagnie dénommée Thermo-King qui s'est très vite imposée. Si ses travaux n'ont pas donné naissance à une nouvelle industrie, du moins ils ont contribué à l'enrichir.

Frederick McKinley Jones passait pour une autorité aux États-Unis en matière de réfrigération. Membre de l'American Society of Refrigeration Engineers, il était consultant pour le Ministère de la Défense (Defence Department) et l'Office des normes des États-Unis, (United States Bureau of Standards). En 1977, il fut admis au Minnesota Inventors Hall of Fame. Récipiendaire d'un doctorat honoris causa de Brown University, il mourut en 1961.

[1] Numéro du brevet* : 2, 475, 841, 12 juillet 1949.

[2] Numéro du brevet* : 2, 926, 005, 23 février 1960.

* Cité par *The Negro Almanac a Reference Work on the African American*, Fifth Edition, Detroit, London (U.S.A.), Ed. Gale Research inc., 1989, p. 1110.

KATHERINE G. JOHNSON

(1918 -   )

Intégrer à titre de scientifique une institution comme la NACA devenue la NASA constituait, dans les années 50, pour un Noir américain, une prouesse inouïe qui était d'autant plus étonnante et méritoire qu'il s'agissait d'une femme. Car dans une société rongée par la ségrégation et la discrimination raciale, l'Américaine noire était doublement marginalisée. D'abord à cause de la couleur de sa peau, ensuite à cause de son identité sexuelle. Au sein même de la NASA, sévissait la ségrégation : toilettes réservées aux blancs ; toilettes réservées aux femmes de couleur; mêmes écriteaux dans les cafétérias. Pourtant, les deux barrières de la race et du sexe ont été franchies par les mathématiciennes Dorothy Vaughan, Mary Jackson, et Katherine Goble Johnson.

Née en 1918 à White Sulphur Springs en Virginie Occidentale, cette dernière à qui on avait fait sauter des classes montrait des aptitudes exceptionnelles. À l'âge de 14 ans au lieu de 17, elle avait déjà terminé ses études secondaires. À l'université d'État de Virginie Occidentale où, boursière, elle entrait en 1933, son professeur, William W.S. Claytor a dû spécialement créer un programme avancé de mathématiques répondant à ses capacités de surdouée. Katherine G. Johnson obtint avec une mention très honorable une maîtrise en mathématiques et en physique. Elle pouvait s'exprimer presque couramment en français et exerçait comme professeur de mathématiques durant quelques années. Mais c'est à la NASA qu'elle va mener une prestigieuse carrière.

En 1952, le Service du personnel de Langley Research Center approuva sa candidature. Cependant, sa nomination ne fut effective qu'en 1953. Elle travaillera dans un secteur de la NASA désigné sous le nom de Calculatrices Ouest en compagnie de deux autres femmes de science noires : Dorothy Vaughan et Mary Jackson. Celles-ci avaient pour tâche essentielle d'effectuer des calculs mathématiques phénoménaux : l'ordinateur balbutiait à l'époque. Deux semaines après son embauche, Katherine G. Johnson fut transférée à la Division de la Recherche en vol.

Le premier problème à résoudre qu'on lui soumit consistait à déterminer la cause de l'écrasement d'un petit avion monomoteur de type Piper à hélice. Cet accident s'était produit dans un ciel clair. Elle examina l'enregistrement de vol, prit en compte la vitesse aérodynamique, l'accélération, l'altitude et d'autres paramètres. Elle présenta son rapport d'analyse aux ingénieurs qui en étaient ravis. Car ce travail a permis de découvrir et d'expliquer des phénomènes jusque-là inconnus. Le monomoteur avait suivi perpendiculairement la trajectoire de vol d'un jet qui venait de traverser le même secteur. Or le passage d'un gros avion peut engendrer des perturbations d'une durée d'une demi-heure. En franchissant le flux agité créé par le jet, le monomoteur était violemment secoué en plein vol avant d'aller s'écraser au sol.

Les recherches de Katherine G. Johnson suivies d'autres enquêtes amenèrent les autorités à modifier la règlementation du trafic aérien en fixant des distances sécuritaires entre les trajectoires de vol. Ainsi a-t-on pu éviter des accidents provoqués par des turbulences de sillage.

Les travaux et la contribution de Katherine G. Johnson au domaine de l'aéronautique américaine étaient d'autant plus importants qu'une très forte tension et rivalité opposaient les Américains aux Russes qui, à la fin des années 50, les devançaient.

En effet, en octobre 1957, les Russes mirent en orbite le premier satellite : le Spoutnik dont Radio Moscou annonça le plan de vol. Les journaux américains Daily Press, le New York Times entre autres ne manquaient pas d'attirer l'attention du grand public sur cet événement majeur. Le 12 avril 1961, les Soviétiques envoyèrent le premier être humain dans l'espace : le cosmonaute Youri Gagarine. Le 6 octobre de la même année, le Russe Guerman Titov réalisa un vol de sept révolutions dans l'espace. Tous ces événements capitaux blessèrent l'orgueil des Américains qui mobilisèrent des ressources énormes afin de rattraper leur retard et d'aller ensuite plus loin. Il est évident que dans un tel contexte, les compétences des mathématiciennes mentionnées –et notamment Katherine G. Johnson– s'imposaient à l'attention des autorités. On confia à elle et à Ted Skopinski la lourde tâche de fournir un rapport de recherche qui définisse le vol orbital du Programme Mercury. Au bout de plusieurs mois, en 1959, Katherine G.

Johnson présenta un travail de trente-quatre pages sur « la détermination de l'angle d'azimut.» Il était destiné à « guider la NASA, selon Margot Lee Shetterly, jusqu'au jour où le fléau de la balance de la course à l'espace se pencherait en faveur des États-Unis.»[1]

Dans ce rapport auquel Ted Spinski avait très peu contribué de son propre aveu, « Katherine G. Johnson avait effectué deux séries de calculs, pour deux types d'orbites différentes, l'une suivant une trajectoire de lancement vers l'est, et l'autre vers l'ouest, prévue pour le vol de [John] Glenn.»[2] La division de Planification et d'Analyse de la Mission de la NASA avait eu la merveilleuse surprise d'une excellente correspondance entre les résultats d'IBM et ceux de Katherine G. Johnson. Parlant d'elle avant d'accepter de voler dans le ciel, John Glenn exprima une demande presque impérative : « Que cette femme vérifie les chiffres. Si elle décrète qu'ils sont justes, je suis prêts à y aller.»[3] On sait l'énorme succès qui a couronné le voyage de J. Glenn dans l'espace le 22 février 1962. Le journal Pittsburgh Courier soulignait le rôle de Katherine G. Johnson dans la réussite de Glenn – et donc des États-Unis – en insistant sur le rapport scientifique qui avait permis d'envoyer la fusée de cet astronaute dans l'espace.

Les témoignages de reconnaissance envers Katherine G. Johnson se multipliaient à travers le pays. La presse (Norfolk Journal and Guide, l'Amsterdam News, Jet Magazine, Daily Press, Richmond Times-Dispatch) n'a pas tari d'éloges à son égard. Katherine G. Johnson a

---

[1] Margot Lee Shetterly, *Les figures de l'ombre* Paris, Éd. Harpercollins France, 2017, p. 280-281

[2] Ibid., p. 318

[3] Ibid., p. 314

reçu trois doctorats honorifiques et obtenu une citation de l'État de Virginie. En 2015, le président Barack Obama l'a décorée de la médaille présidentielle de la Liberté. La NASA lui a décerné le Prix du Mérite collectif pour le programme Apollo et celui de l'Orbiteur lunaire. En Caroline du Nord, l'Institut STEM (Sciences, Technologie, Ingénierie et Mathématiques) qui porte son nom fut inauguré en 2016

PHILIP G. HUBBARD

(1921 - 2002)

Philip Gamaliel Hubbard naquit le 4 mars 1921 à Macon dans l'État du Missouri. Peu après sa naissance, il perdit son père. Sa mère, institutrice, dut emménager dans l'Iowa et l'inscrivit dans une école où Hubbard était le seul Noir. Ses études secondaires achevées, il entra en 1940 à l'université de l'Iowa. Il en sortit diplômé comme ingénieur chimiste en 1943. Trois ans plus tard, il obtint un baccalauréat en génie électrique. En 1949, il passa une maîtrise en mécanique et hydraulique ; puis, en 1954, il fut reçu docteur dans ces mêmes disciplines.

À l'instar d'autres scientifiques, Hubbard s'est consacré à la fois à la recherche et à l'enseignement. Dans cette carrière, il a débuté à titre de professeur adjoint d'hydraulique et de mécanique à l'université de l'Iowa. En 1959, il devint professeur agrégé. Nommé doyen des Affaires académiques en 1966, il exerça cette fonction jusqu'à sa retraite qu'il prit en 1991.

Ses services furent tellement appréciés qu'on institua en son nom trois prix annuels destinés aux étudiants méritants de l'université de l'Iowa. L'enseignement pratiqué par Philip G. Hubbard et sa formation d'ingénieur lui profitèrent dans ses recherches scientifiques qui portaient sur la dynamique des fluides. De son temps, on éprouvait un besoin impérieux de mesurer leur turbulence. On sait que certaines conduites favorisent moins la turbulence de certains fluides que d'autres. Hubbard créa un instrument appelé anémomètre constitué d'un fil métallique très ténu qu'on chauffe à l'électricité et qu'on plonge dans un fluide. Grâce à cette invention, on put mesurer la turbulence des fluides. L'anémomètre de Hubbard a cinquante microns de diamètre. Pour répondre aux demandes du marché, Philip G. Hubbard ouvrit une entreprise de fabrication dénommée Hubbard Instrument Company.

MARIE V. B. BROWN

(1922 - 1999)

On possède peu de renseignements sur la formation de Marie Van Brittan Brown. Née en 1922 à Jamaica (Queens, New York), elle exerçait la profession d'infirmière. Son mari Albert Brown qui avait grandement contribué à son invention était électrotechnicien. En quoi consistait leur apport à la technique? Il s'agissait de la mise au point d'un appareil de surveillance domiciliaire. Des circonstances déplorables étaient à l'origine de leur projet.

En effet, aux États-Unis, dans les années 60, la criminalité prenait des proportions alarmantes. Les cas de cambriolage pullulaient à un rythme effarant. Alertées, les autorités policières arrivèrent sur les lieux avec du retard. Soucieux de leur propre sécurité, Marie V.B. Brown et son mari s'ingéniaient à trouver les moyens de se protéger. Ils ont ainsi créé un système de retransmission d'images filmées à distance de sorte que le propriétaire d'un domicile puisse voir et entendre ce qui se passait à l'entrée de sa maison. Par conséquent, il avait le choix de refuser ou d'accueillir un visiteur éventuel en lui donnant accès grâce à une télécommande. Il faut préciser qu'avant l'invention des Brown, la caméra existait déjà. Cependant, leur contribution forma la base des systèmes d'interphones video modernes qu'utilisent de nos jours particuliers et entreprises.

En août 1966, le couple avait soumis une demande de brevet[1] qui fut approuvée en décembre 1969. Le New York Times s'en était fait l'écho en accordant à Marie V.B. Brown une entrevue publiée dans son numéro du 6 décembre 1969.

Plusieurs organismes ont référencé le travail de Marie et d'Albert Brown. Comme toute invention, la leur a certainement subi des transformations de perfectionnement au cours des années. Marie V.B. Brown est morte à New York, en février 1999.

[1] Numéro du brevet : 3482037, décembre 1969

MEREDITH C. GOURDINE

(1929 - 1998)

Nombre de sommités sont douées pour le sport. Albert Camus, Prix Nobel de littérature en 1957, jouait au football comme gardien de but. Carl Sagan, savant contemporain, conseiller de la NASA pour les programmes Apollo, Mariner, Viking et Voyager, avait conquis le titre de champion de basket à Chicago. Dans le même ordre d'idées, l'ingénieur Meredith Charles Gourdine reçut en 1952, aux Jeux olympiques d'Helsinki (Finlande), la médaille d'argent à la suite d'une compétition de saut en longueur. Qui était Meredith C. Gourdine ?

Né dans le New Jersey en 1929, Gourdine fréquenta la Brooklyn Tech High School. Il réussit à amasser suffisamment d'argent pour payer son admission à l'université Cornell en 1948. Ses succès scolaires lui valurent l'obtention d'une bourse d'études. À l'université Cornell, Gourdine se passionna pour la physique. En 1953, il passa son baccalauréat dans cette discipline, puis son doctorat en 1960. Gourdine travailla pour l'Aeronautical Division of Curtiss-Wright Corporation.

S'il ne s'est pas révélé un excellent homme d'affaires, car il géra pendant un certain temps sa propre entreprise, ses recherches ont constitué un apport appréciable à la science et à la technique.

En effet, Gourdine apparaît comme un pionnier dans ce qu'on appellerait « l'électrogazdynamique[1] » *(électrogasdynamics, EGD)* c'est-à-dire l'étude des interactions entre les champs électromagnétiques et les particules chargées en suspension dans le gaz. L'électricité qui en résulte est d'un haut voltage. On doit dire que la découverte de ce phénomène remonte au XVIIIe siècle. Pourtant son exploitation était limitée jusqu'au moment où Gourdine découvrit le moyen de produire suffisamment d'électricité à l'usage du monde moderne. Ses travaux en « électrogazdynamique » ont engendré des progrès tangibles dans quatre domaines : la conversion d'énergie, le contrôle de la pollution de l'air, l'imprimerie et le vaporisateur à peinture. Gourdine a également inventé un dispositif baptisé « incineraid » qui réduisait la pollution causée par les incinérateurs des immeubles d'habitation. De même, il créa un procédé capable de chasser le brouillard dans les aéroports et mit au point une méthode d'extraction de l'huile du schiste bitumineux. Meredith C. Gourdine fut récompensé pour ses nombreuses réalisations.

Élu à la National Academy of Engineering, il obtint une citation du conseil scientifique de l'armée américaine. Faisant partie du Black Inventors Hall of Fame, Gourdine s'est vu distinguer en 1987 par l'Université de

[1] Numéro du brevet* : 3, 449, 667, 10 juin 1969.

* Cité par *The Negro Almanac a Reference Work on the African American*, Fifth Edition, Detroit, London (U.S.A.), Ed. Gale Research inc., 1989, p. 1109.

l'État de la Caroline du Nord pour ses remarquables contributions.

GEORGE R. CARRUTHERS

(1939 -   )

L'esprit créateur des inventeurs et savants noirs ne s'est pas limité à tel ou tel champ de la connaissance, mais se révèle plutôt universel. En témoigne un chercheur encore vivant, George R. Carruthers qui s'est illustré dans les sciences de l'espace.

Né à Cincinnati (Ohio) en 1939, Carruthers vient d'une famille qui l'encouragea très tôt à s'engager dans les études scientifiques. Son père était ingénieur civil. Après avoir fréquenté l'Englewood High School, il fut admis en 1957 au Collège d'ingénierie de l'université d'Illinois. Il y obtint un baccalauréat ès sciences en 1961, une maîtrise en 1962, puis un doctorat en 1964 en génie aéronautique et astronomique. En 1966, il travailla comme physicien au Naval Research Laboratory situé à Washington, D.C. Ses activités professionnelles l'ont amené à collaborer à des journaux et à des livres scientifiques. Mentionnons-en quelques-uns : Astrophysical Journal, Science (Hollande, 1974) ; *Appolo 16 Preliminary Science Report* (NASA, SP-315, 1972). Son article, « Television Sensors for Ultra-violet Space Astronomy », fut publié par l'Institut d'astronomie et des sciences de l'espace de l'université de la Colombie Britannique (Canada). Selon le commandant de bord d'Appolo 16, l'astronaute John W. Young[1], Carruthers

George R. Carruthers

était le chercheur principal au Naval Research Laboratory. Ce titre se justifie bien si l'on se réfère à la portée des travaux accomplis par le Dr George R. Carruthers. En effet, en 1969, il a fait breveter un convertisseur[2]

[1] Ivan Van Sertima, *Blacks in Science Ancient and Modern*, New Brunswick (U.S.A.) and London (U.K.), Ed. Ivan Van Sertima, 1985, p. 261

[2] Numéro du brevet* : 3, 478, 216, 11 novembre 1969.

d'image capable de détecter des radiations électromagnétiques. Cet appareil était précisément conçu pour les ondes courtes. Carruthers inventa un autre appareil hybride spécial appelé « caméra-spectrographe » qui fut transporté par Apollo 16 et installé sur la Lune en 1972. Il constitua l'un des outils les plus performants destinés à renseigner les spécialistes sur la structure physique de l'univers. Cette invention fut mise à profit, après avoir subi des modifications, dans le laboratoire Skylab 4. John W. Young a affirmé à son sujet : « C'est le premier télescope à être utilisé à partir d'un autre corps céleste[3] ».

George R. Carruthers fut distingué par des institutions prestigieuses. La NASA lui décerna en 1972 une médaille pour la valeur et le caractère original de ses recherches (NASA Exceptional Achievement Medal). Le prix Warmer lui fut également attribué par la Société américaine d'astronomie. L'Université de technologie du Michigan lui conféra le titre honorifique de docteur en génie. Membre de la National Science Foundation des États-Unis, George R. Carruthers reçut en 1971 le prix Arthur S. Fleming. En février 2013, le président Barack Obama le décora de la National Medal of Technology and Innovation. Ses articles scientifiques ont paru dans des périodiques de renom comme *Science*.

* Ibid, p. 260.

[3] Ibid., p. 261

WESLEY L. HARRIS

(1941 -)

Né en 1941 à Richmond (Virginie), Wesley Leroy Harris termina ses études secondaires à l'Armstrong High School en 1960. Il s'intéressait vivement aux mathématiques et à la physique. Harris suivit le programme de génie aérospatial à l'université de Virginie. Il fut désigné pour présenter le Dr Martin Luther King Jr lors de la visite de celui-ci à cette institution. En 1964, Harris obtint son baccalauréat, passa sa maîtrise en 1966 et son doctorat en 1968 à l'université Princeton. Puis il retourna à l'université de Virginie comme professeur d'ingénierie. Il quitta ce poste pour aller enseigner la physique à la Southern University (Louisiane). De 1972 à 1979, on le vit dispenser des cours d'aéronautique, d'astronautique au MIT (Massachusetts Institute of Technology). Wesley L. Harris travailla à la NASA (National Aeronautics Space and Administration) et mena de front deux activités qui nous semblent complémentaires : l'enseignement et la recherche. Il a publié plusieurs articles scientifiques. Ses recherches portèrent principalement sur le comportement des ondes de choc dans le mélange des gaz et les nouvelles méthodes d'analyse du bruit aérodynamique, celui créé plus précisément par les rotors d'hélicoptères. Les découvertes de Wesley L. Harris ont aidé le Ministère de la Défense des États-Unis à construire des hélicoptères militaires plus silencieux. L'équipe de chercheurs travaillant actuellement à la NASA sous sa direction orienta ses efforts vers la conception, la création de moyens de transport supersoniques avancés et de nouveaux ordinateurs géants capables d'améliorer les nouveaux modèles d'avions. Parallèlement à ses fonctions à la NASA ou au Conseil scientifique de l'armée américaine, Harris œuvra à titre de conseiller au sein de commissions ou de comités consultatifs comme : The National Research Concils Commission on Engineering and Technical Systems, Board On Engineering Education, Air Force Studies Board, National Science Foundation's Engineering Advisory Committee.

La participation de Wesley L. Harris à ces divers organismes confirme la valeur de ce scientifique. Aussi importe-t-il d'indiquer que Harris fut l'objet d'autres marques de distinction. Il a reçu le prix de l'American Institute of Aeronautics and Astronautics pour ses recherches sur les turbulences de l'air sur certaines surfaces. En 1992, il est devenu membre de cet institut.

CHRISTINE DARDEN

(1942 -)

Les parents de Christine Darden attachaient un grand prix à l'éducation et souhaitaient que leur fille devînt médecin. Cependant, l'influence d'un professeur de mathématiques décidera autrement du destin de la jeune Christine.

Elle naquit en 1942 à Monroe en Caroline du Nord, acheva ses études secondaires à Asheville, puis obtint en 1962 un baccalauréat en mathématiques à l'Institut Hampton. En 1967, l'Université d'État de Virginie lui conféra une maîtrise en sciences. L'Université George Washington lui accorda son doctorat en génie en 1983. Avant d'entreprendre une longue carrière de chercheuse à la NASA, Christine Darden pratiquait l'enseignement à l'exemple de sa mère. En 1965, elle occupait la fonction d'assistante de recherche à l'université d'État de Virginie. Pour elle, l'année 1967 se révélera décisive : elle sera admise au Langley Research Center à titre de scientifique.

À l'instar de Katherine G. Johnson, de Dorothy Vaughan et de Mary Jackson qui l'avaient précédée, Christine Darden débuta à la NASA comme calculatrice et analyste de données. Promue ingénieure en 1973, elle assumera la direction d'une équipe de chercheurs dénommée Sonic Boom Group. Il est avéré que les avions supersoniques produisent du bruit dommageable à l'environnement. Cette forme de pollution préoccupait les autorités, car elle affectait aussi la couche d'ozone. Christine Darden et ses collaborateurs devaient s'atteler à trouver des procédés capables d'éliminer ou de diminuer ce type de pollution. Dans cette perspective, elle a élaboré de nombreux algorithmes et repensé également la forme aérodynamique des avions en redessinant leur nez et leurs ailes de manière à réduire au minimum les effets du bruit. En 1975, a paru un de ses articles majeurs intitulé « Minimisation des paramètres du bang supersonique en atmosphères réelle et isotherme.» Le code qu'elle avait créé « constitue le noyau des programmes de minimisation du bang supersonique qu'emploient les aérodynamiciens actuels.»[1] Elle a publié plus d'une quarantaine d'articles scientifiques.

Les travaux et recherches de Christine Darde en aérodynamique justifient les honneurs dont on la comblait. À trois reprises, en 1989, 1991 et 1992, elle a reçu le Certificate of Outstanding Performance de la NASA. En 1985, elle fut honorée du Dr A.T. Weathers Technical Achievement Award de la National Technical Association. La Coalition nationale des 100 Femmes noires lui a remis en 1987 le Prix Candace. Retraitée depuis 2007, Christine Darden continue d'être active par son

[1] Margot Lee Shetterly, *Les figures de l'ombre*, Paris, Éd. Harpecollins France, 2017, p. 371

engagement dans des mouvements prônant la défense des droits civiques aux États-Unis.

KITAW EJIGU

(1948 - 2006)

Comme Philip Emeagwali, Tilahun D. Yilma, Kitaw Ejigu a reçu une formation pluridisciplinaire couronnée par une spécialisation. Ce scientifique, qui s'avisa, à un moment donné, de se mêler de politique, naquit à Bonga (Keffa, Éthiopie) en 1948. Il fit ses études secondaires dans son pays natal. Diplômé en génie mécanique en 1966, il se classa parmi les premiers de sa promotion et travailla deux ans durant en Éthiopie. Boursier, il voyagea en 1972 au Japon où il étudia le génie automobile à l'université d'Hiroshima. Il entreprit aussi des études en économie à l'université d'Osaka. Ejigu quitta le Japon en 1979 pour aller aux États-Unis où il obtint de l'Université Northrop (Californie) une maîtrise en sciences et une maîtrise en gestion commerciale (MBA). Docteur en génie aérospatial, il fut embauché par des Sociétés hautement spécialisées dans ce domaine comme Boeing, Rockwell International, la NASA. Kitaw Ejigu fut plus précisément employé au JPL (Jet Propulsion Laboratory) de la NASA. C'est là qu'il donna en partie sa mesure, puisqu'il mourut en 2006 au cours d'un voyage au Texas. Ejigu mit au point, en collaboration avec d'autres ingénieurs, un simulateur de vol et participa à l'élaboration de ce qu'on appelle couramment le GPS (Global Positioning System : localisation automatisée au moyen d'un ensemble de satellites). La NASA déposa deux brevets pour ces inventions.

En dépit de nos recherches, nous n'avons pu recueillir de témoignages officiels (prix, distinction) de reconnaissance en rapport avec les réalisations du Dr Kitaw Ejigu. Mais le fait d'avoir été engagé par les grandes Sociétés que nous avons mentionnées, n'est-ce pas en soi une attestation de sa compétence ?

JESSE E. RUSSELL

(1948 -)

Jesse Eugene Russell naquit en 1948 à Nashville dans le Tennessee, aux États-Unis. À l'université de cet État, il obtint un baccalauréat en génie électrique en 1972. Un an plus tard, à l'université Stanford, on lui conféra une maîtrise dans la même discipline.

Au cours de sa carrière, Russell a occupé des postes importants dans des entreprises de renom. Il était directeur du laboratoire de télécommunication cellulaire chez AT&T. Président d'IncNetworks, une Compagnie établie dans le New Jersey, il se consacra à la recherche technologique de pointe dans le domaine de la communication sans fil qu'on appelle « quatrième génération.»

En 1992, Russell fit breveter son invention[1] de la « station de base pour les systèmes de télécommunication radio mobiles.» On le considère comme l'un des pionniers en ce qui a trait à l'invention du téléphone cellulaire moderne. Ses travaux pour lesquels il a reçu

[1] Numéro du brevet : 5084869. Année 1992

sept brevets ont facilité la communication sans fil entre les usagers du monde entier. Il est indéniable qu'aujourd'hui, l'utilisation du téléphone portable a connu une expansion planétaire.

Sélectionné par l'organisation Eta Kappa Nu, Jesse E. Russell fut proclamé ingénieur de l'année 1980. En 1992, on le nomma ingénieur de l'année pour ses contributions au développement de la technologie numérique et microcellulaire. Russell fut admis en 1995 à l'Académie nationale de génie des États-Unis (United States' National Academy of Engineering).

CHEICK M. DIARRA

(1952 -)

« En tant qu'Africain travaillant à la NASA, j'ai toujours eu le souci de contribuer à quelque chose pour l'Afrique… il faut faire en sorte d'offrir une nouvelle image de la nouvelle génération d'Africains, qui ne veulent plus se voir comme des personnes soutenues, aidées…[1] » Voilà les termes en lesquels Cheick Modibo Diarra s'exprimait au cours d'une entrevue avec l'hebdomadaire *L'Autre Afrique*. Ces propos qui l'honorent révèlent une prise de conscience historique dont tout intellectuel du Tiers-Monde devrait s'inspirer.

Né en 1952, à Nioro, au Mali, immense État de l'Afrique de l'Ouest et ancien empire aux XIe et XVIIe siècles, Cheick M. Diarra se distingue d'abord par son multilinguisme. Il parle cinq langues : le bambara, sa langue maternelle, le français, l'anglais, l'arabe et le russe. À la fin de ses études à Bamako, Cheick M. Diarra se rendit en France où il les poursuivit au lycée de

[1] *L'autre Afrique*, n° 73, 22 décembre 1998 au 5 janvier 1999, p. 69.

Cachan. Diplômé en mécanique, il émigra aux États-Unis. À l'université Howard à Washington, de janvier 1980 à mai 1982, il suivit des cours de mécanique spatiale tout en préparant sa maîtrise en ingénierie aérospatiale. Sa thèse s'intitulait Shuttle Tethered Sub-satellite ou STS et portait sur la commande de satellites reliés à la navette par un câble. Intéressée par ce sujet, la NASA lui avait accordé une bourse. Désormais inscrit au programme de doctorat en génie mécanique, Diarra s'attachait à analyser dans sa thèse, Shuttle Control Laboratory Experiment, les théories sur la commande des plates-formes dans l'espace. Il fallait trouver la façon de donner aux plates-formes en orbite une position prédéterminée en un minimum de temps et avec un maximum de précision sans que celles-ci subissent de déformation. En 1987, l'Université Howard lui conféra le titre de docteur (Ph.D.). Sans négliger ses recherches, Diarra dispensait, à l'université d'État de la Californie, des cours de dynamique avancée à des ingénieurs déjà employés dans l'industrie aérospatiale. En somme, il passa le plus clair de son temps au service du Jet Propulsion Laboratory (JPL) qui appartient à la NASA depuis 1958, année de la création de cette célèbre institution pluridisciplinaire. En quoi consistait précisément la fonction de Cheick M. Diarra à la NASA ?

À cette question il nous propose une réponse dans son ouvrage, *Navigateur interplanétaire :* « Bien que mon activité se soit limitée à faire et à refaire des calculs et rien d'autre — je n'ai jamais touché à un boulon ni limé la surface d'un métal — mes calculs avaient une application immédiate, mais surtout, j'ai cessé, durant ces années au JPL, de refaire ce qui avait déjà été fait. Pour la première fois, il me fallait anticiper les résultats. Vivre comme un aventurier. Ouvrir de nouvelles voies[2]. » En tant qu'ingénieur et mathématicien, Diarra participa non seulement à la mission de Mars Pathfinder (1997), la plus connue, mais aussi à quatre autres missions spatiales : Magellan (1989), Mars Observer (1993), Galilée (2003), Ulysse (1990-2009). Nous nous contenterons d'apporter quelques éléments essentiels relatifs à Mars Pathfinder et à Ulysse.

Cette dernière mission revêtit un caractère international en ce sens qu'elle fut confiée à la fois à l'Agence spatiale européenne et au Jet Propulsion Laboratory (NASA). Elle avait pour objectif d'étudier le soleil, l'astre le plus important de notre système. Diarra fut chargé d'effectuer des calculs de manière à établir les paramètres des manœuvres de navigation. Les Européens devaient ensuite vérifier ses propositions au moyen de leurs propres logiciels. Diarra écrivit un algorithme capable de fixer les deux meilleures dates pour procéder à deux manœuvres, et de minimiser, par conséquent, la quantité de carburant nécessaire. La sonde rencontra Jupiter et produisit exactement les résultats escomptés. Ainsi s'acheva la tâche de Diarra. Mais son apport continua à être mis à profit par chacune des missions interplanétaires.

En ce qui concerne la mission dénommée Mars Pathfinder, elle eut des retombées médiatiques impressionnantes. Elle visait à éprouver une nouvelle méthode d'atterrissage utilisant des ballons gonflables et à créer un engin destiné à se déplacer sur le sol de Mars. La NASA avait joint à la sonde un petit appareil appelé « rover », un véhicule téléguidé semblable à un jouet

2 Cheick Modibo Diarra, *Navigateur interplanétaire*, Paris, Ed. Albin Michel, 2000, p. 324

d'enfant. On lui donna le nom de Sojourner en souvenir d'une femme noire qui avait lutté contre l'esclavage. Deux maquettes de cette sonde sont exposées au JPL et au Air and Space Museum de la Smithsonian Institution à Washington D.C. Diarra conçut la navigation de Mars Pathfinder par des calculs prenant en compte plusieurs paramètres : poids des divers éléments de la sonde, quantité totale de carburant, dimension des réservoirs, caractéristiques des moteurs utilisés, point de mire, etc. Cette mission fut un succès éclatant. Diarra en a parlé en ces termes : « Après l'atterrissage dans la zone connue sous le nom d'Ares Vallis, les pétales de la sonde s'ouvrirent et la redressèrent. Le "rover" était censé avoir une durée de vie sur Mars d'une semaine, et l'atterrisseur, d'un mois : tous deux fonctionnèrent pendant au moins quatre-vingt-dix jours. Plus de 2,3 gigabits de données furent enregistrées, dont 16 500 images prises par l'atterrisseur et 550 par le "rover", ainsi que 16 analyses chimiques de roches et 8,5 millions d'unités d'information en mesures météorologiques[3] ». Mars Pathfinder a appris aux scientifiques la richesse en eau de cette planète. Les premières recherches ont révélé la présence du silicium sur le sol martien. On y a recueilli également des cailloux polis et des fragments de pierre agglutinés. Pour étudier à fond les données collectées au cours de cette mission, on devra faire appel, pour une très longue période, à des géologues, météorologues, physiciens, astronomes, hydrologues, chimistes.

Cheick Modibo Diarra s'est actuellement engagé, toujours pour le compte de la NASA, dans un projet visant à mesurer dans le détail les champs de gravité autour de la terre. Sans doute sa contribution au déve-

[3] Ibid, p. 291

loppement des sciences de l'espace força-t-elle l'admiration. En outre, elle lui valut des récompenses prestigieuses. Le 25 octobre 1998, la Banque mondiale et le Fonds monétaire international (FMI) lui attribuèrent un prix à l'occasion de « l'Africa Day ». En 1997, durant une tournée dans son pays natal, Cheick M. Diarra eut l'agréable surprise de voir des lycéens prendre l'initiative de fonder à Bamako « l'Association du Dr Cheick Modibo Diarra ». Le Gouvernement malien mit en circulation un timbre-poste à son effigie. En 1998, l'UNESCO (Organisation des Nations Unies pour la science, l'éducation et la culture) le nomma ambassadeur de bonne volonté. Il avait pour mission cette fois-ci d'insuffler aux jeunes du monde entier et, en particulier à ceux de l'Afrique, la passion de la science. Il fut le premier Africain et citoyen américain à recevoir un tel honneur. Dorénavant, Diarra figure parmi d'autres ambassadeurs de bonne volonté de l'UNESCO : la comédienne française Catherine Deneuve, l'ancien footballeur brésilien Edson Arantes do Nascimento dit Pelé. Au-delà de ses qualités peu communes de chef de missions scientifiques d'un niveau exceptionnel, nous avons été frappé par sa générosité, sa capacité à s'ouvrir au monde et par sa fidélité à son origine, qui se traduit dans son souci de contribuer à l'amélioration de la vie quotidienne africaine. « Le XXIe siècle, écrivait Diarra, peut devenir celui de l'Afrique à la condition de préserver ce que ce continent a de plus précieux, son capital humain, et de bâtir un avenir sans précarité alimentaire et sans guerre fratricide. Un avenir où chaque enfant aura une école, un robinet d'eau potable et une ampoule électrique alimentée par une pile solaire, une éolienne ou un barrage. C'est à cette tâche que je m'attelle, entraînant dans mon sillage tous les hommes et les femmes de bonne volonté que la chance met sur mon chemin[4]. »

[4] Ibid, p. 330

SEVERIN KEZEU

(1967 -)

Dès sa prime jeunesse, Severin Kezeu s'était identifié à Nelson Mandela, Malcom X et Martin Luther King. Son admiration pour ces grands hommes explique en partie sa ferme volonté de vaincre les obstacles de toutes sortes afin de réussir à s'imposer comme inventeur et à rester fidèle à un noble idéal : celui de contribuer au développement de son pays.

Né en 1967, à Yaoundé (Cameroun), il y fit ses études primaires et secondaires. En 1984, il suivit des cours de mathématiques et d'informatique à l'université de Yaoundé. Désireux de poursuivre ses études à l'étranger, Kezeu soumit une demande de bourse au gouvernement. Il essuya un refus. Ses parents décidèrent, à leurs frais, de l'envoyer en France. Il s'inscrit à l'Institut national de recherche en informatique et en automatique de Strasbourg. Il devient ingénieur et docteur en sciences informatiques industrielles. Dans sa thèse de doctorat, il s'attachait à développer un système anticollision permettant d'envoyer des robots sous terre pour des travaux de soudure dans un réacteur nucléaire. Kezeu constate que les systèmes anticollision existants étaient d'application restreinte, en ce sens qu'ils étaient limités à certains engins mobiles de même nature. En approfondissant sa thèse, il élabora une théorie mathématique qui rendait possible le calcul du risque de collision entre un nombre illimité d'engins mobiles de différentes natures. Autrement dit, le système qu'il a inventé s'adapte à tout engin mobile : train, avion, bateau, automobile, grue, robot, etc. D'où sa polyvalence et le caractère universel de son usage. Ce système a pour nom Navigator.

Contrairement aux autres systèmes qui sont électromécaniques, Navigator est « intelligent » et est fondé sur l'informatique. En matière de logiciel anticollision 3D, Navigator occupe une place de premier plan sur l'échiquier mondial. On est saisi de stupeur quand on apprend que la police française avait mis Severin Kezeu en examen. Car elle nourrissait des doutes sur l'authenticité de ses travaux et avait du mal à lui reconnaître leur paternité. Mais rien n'est plus convaincant que les faits. Brevetée par le Ministère français de l'industrie, l'invention de Kezeu est qualifiée de « technologie clé française no 43. » Elle fut adoptée par le Ministère de la défense à des fins d'application militaire. En 1998, Severin Kezeu fonda la compagnie SK Group qui emploie environ 150 ingénieurs et plus de 200 techniciens. Son chiffre d'affaires actuel s'élève à cent millions d'euros. SK Group a ouvert des succursales en Allemagne, en Espagne, en Belgique. D'autres pays comme les États-Unis, la Chine, la Grande-Bretagne ont déjà montré leur intérêt pour l'invention de Kezeu. Aujourd'hui, ce dernier s'est installé à Dubaï en Arabie Saoudite où sa Compagnie jouit d'une large part du marché et où sa technologie est utilisée dans les chantiers de construction qui font usage de grues sur une très grande échelle.

Le parcours de Severin Kezeu présente deux traits qui ont retenu notre attention : d'une part, sa précocité ; d'autre part, son indéfectible attachement à ses origines. Âgé de vingt-quatre ans, il obtint en 1991 le premier prix national français de l'invention et de l'innovation. Le succès croissant de son entreprise n'a pas estompé son souci d'être utile à son pays natal. Au cours d'une entrevue, il a pris soin de préciser : « Notre projet d'implantation au Cameroun a tout simplement été différé. Nous sommes actuellement en cours d'élaboration d'un projet d'implantation au Cameroun. Ce projet permettra la valorisation à l'échelle mondiale du génie créatif camerounais. »

BERTIN NAHUM

(1970 -)

Sur la couverture du magazine L'Express de la semaine du 29 octobre au 4 novembre 2014, apparaît, en gros caractères, le titre : « Les nouveaux génies français », accompagné de photographies dont fait partie celle de Bertin Nahum.

Né à Dakar (Sénégal), Béninois d'origine, il a grandi dans la banlieue de Lyon où ses parents s'étaient établis. Après l'obtention de son baccalauréat, il entra à l'INSA (Institut national des sciences appliquées) de Lyon. Ingénieur, il est titulaire d'un master of science en robotique de l'université de Coventry en Angleterre et s'est spécialement adonné à la robotique médicale. Domaine dans lequel il va s'illustrer à merveille. À ses qualités de scientifique s'ajoutent celles d'un chef d'entreprise visionnaire. Avant d'aborder ce dernier point, soulignons la contribution de Nahum au développement de la robotique médicale.

Le premier robot qu'il a créé s'appelait Brigit et se destinait à la chirurgie du genou. Le brevet de cette invention fut vendu en 2006 à la Compagnie américaine Zimmer Inc. Cette transaction avait pour but de financer le projet d'un deuxième robot nommé Rosa qui allait bâtir à Bertin Nahum une réputation internationale. Il le définit comme un GPS de la boîte crânienne. Le robot comprend un bras chirurgical, un écran tactile et un logiciel capable de planifier minutieusement l'acte médical. Rosa assiste le médecin dans son intervention sans le remplacer. Il l'aide à opérer avec un maximum de précision en accompagnant le geste du médecin. Il

Bertin Nahum et son robot Rosa

faut rappeler que les chirurgiens opéraient à travers des incisions relativement grandes. Or le robot Rosa permet de les réduire considérablement ; ce qui minimise les risques des dommages collatéraux. Rosa favorise des interventions sur des nourrissons. Celles-ci n'étaient pas réalisables avec les techniques traditionnelles. Rosa sert de guide au médecin quand il s'agit de biopsies, d'implantation d'électrodes et de procédures à crâne ouvert. Aujourd'hui, le champ de son usage s'élargit : les neurochirurgiens y recourent lors d'opérations au niveau de la colonne vertébrale.

Pour la mise sur le marché de son invention, Bertin Nahum fonda à Montpellier en 2002 sa propre entreprise dénommée Medtech où travaillent plusieurs personnes. Cette société conçoit des robots, les commercialise et initie les médecins à leur manipulation. D'après les chiffres avancés par Bertin Nahum, plus d'une soixantaine d'hôpitaux sont équipés de la technologie Rosa et environ trois mille opérations furent effectuées à travers le monde avec l'aide de Rosa. En France, une vingtaine d'hôpitaux l'utilisent. Ce robot est également homologué en Allemagne, en Italie, au Canada, aux États-Unis, en Chine, au Japon en Arabie Saoudite pour ne citer que ces pays.

Cotée à la Bourse de Paris depuis 2013, Medtech fut acquise en 2016 par la compagnie américaine Zimmer Biomet. Pionnière en France en matière de robotique médicale chirurgicale, elle a connu un énorme succès grâce à Rosa qui a valu à son inventeur d'insignes honneurs. En 2016, Bertin Nahum reçoit le prix Spine Technology Awards. En 2014, l'Université de Coventry lui décerne un doctorat honorifique. Le 11 septembre 2013, madame Fleur Pellerin, ministre déléguée aux PME, à l'Innovation et à l'Économie numérique, a décoré Bertin Nahum de la Légion d'honneur. « Vous êtes, lui disait-elle, l'exemple que tout est possible. »

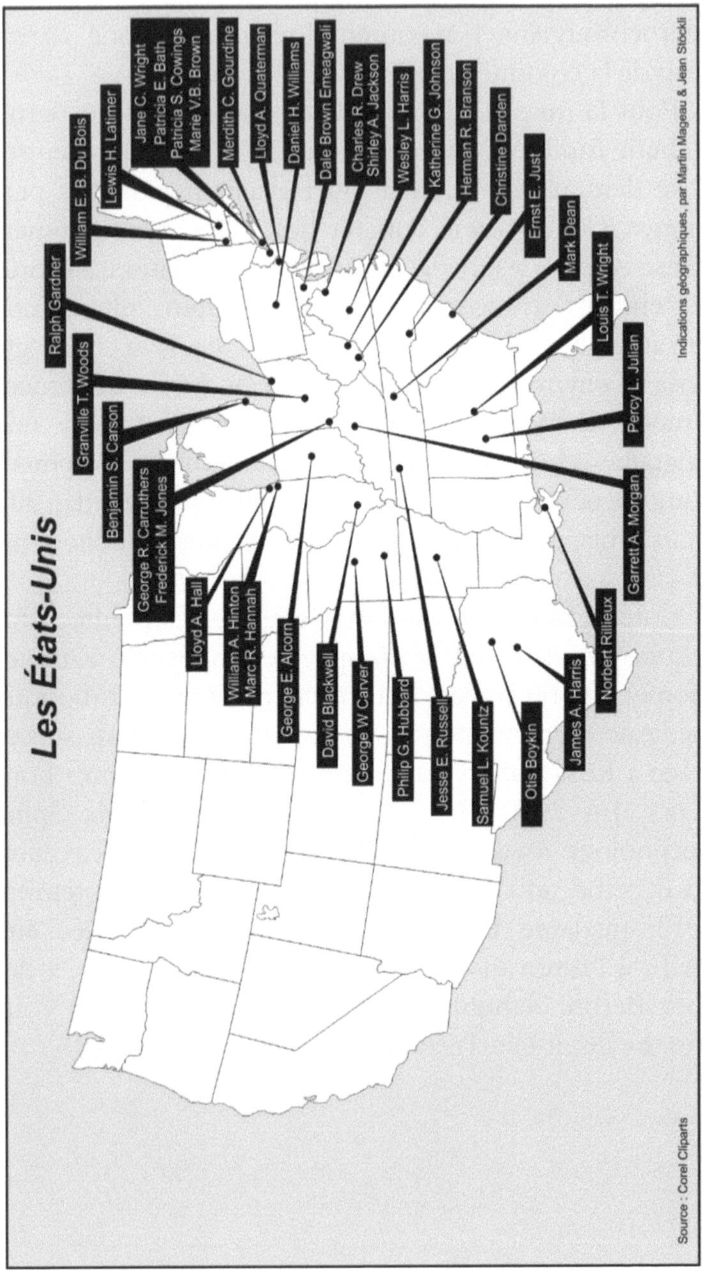
Les États-Unis
William E. B. Du Bois
Lewis H. Latimer
Jane C. Wright
Patricia E. Bath
Patricia S. Cowings
Marie V.B. Brown
Merdith C. Gourdine
Lloyd A. Quaterman
Daniel H. Williams
Dale Brown Emeagwali
Charles R. Drew
Shirley A. Jackson
Wesley L. Harris
Katherine G. Johnson
Herman R. Branson
Christine Darden
Ernst E. Just
Mark Dean
Louis T. Wright
Percy L. Julian
Garrett A. Morgan
Norbert Rillieux
James A. Harris
Otis Boykin
Samuel L. Kountz
Jesse E. Russell
Philip G. Hubbard
George W Carver
David Blackwell
George E. Alcorn
William A. Hinton
Marc R. Hannah
Lloyd A. Hall
George R. Carruthers
Frederick M. Jones
Benjamin S. Carson
Granville T. Woods
Ralph Gardner
Indications géographiques, par Martin Mageau & Jean Stöckli
Source : Corel Cliparts

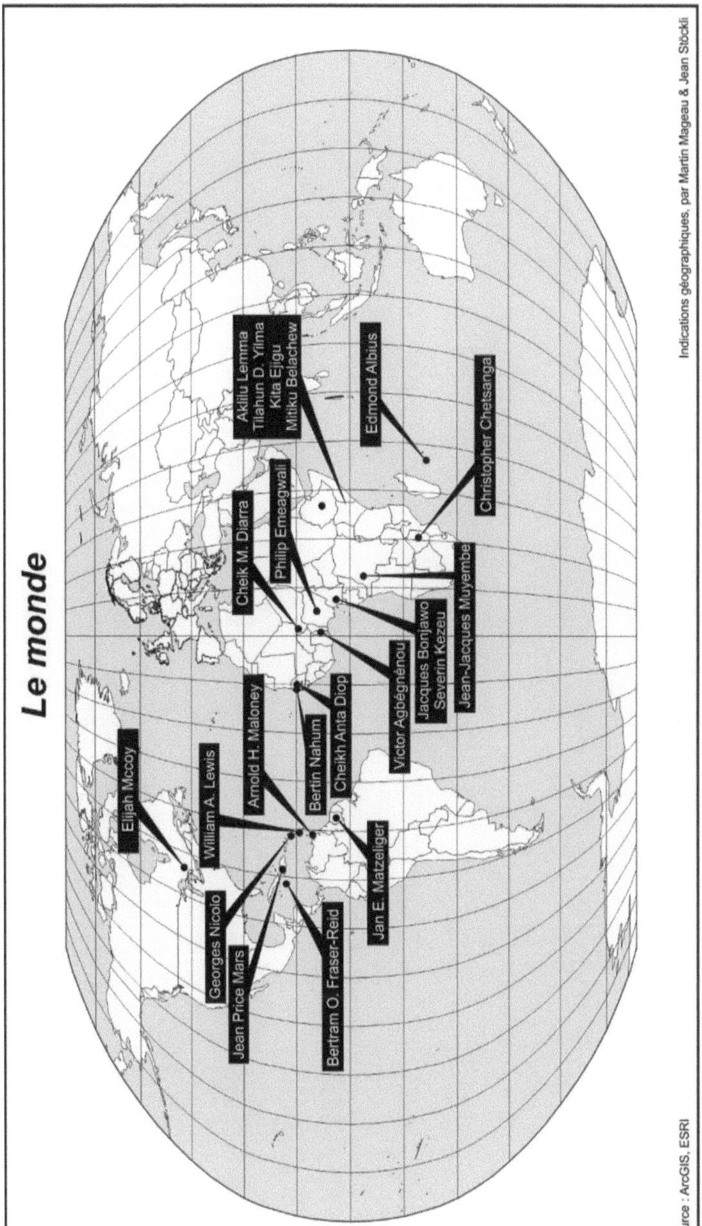
Le monde
Elijah Mccoy
William A. Lewis
Arnold H. Maloney
Bertin Nahum
Cheikh Anta Diop
Victor Agbégnénou
Jacques Bonjawo
Severin Kezeu
Jean-Jacques Muyembe
Cheik M. Diarra
Philip Emeagwali
Aklilu Lemma
Tilahun D. Yilma
Kita Ejigu
Mitiku Belachew
Edmond Albius
Christopher Chetsanga
Georges Nicolo
Jean Price Mars
Bertram O. Fraser-Reid
Jan E. Matzeliger
Source : ArcGIS, ESRI
Indications géographiques, par Martin Mageau & Jean Stöckli

AUTRES INVENTEURS ET SAVANTS NOIRS

Inventeurs et savants	Inventions ou champs de recherche
Anderson, Gloria L. (1938 -)	Chimie
Asfaw, Berhane (Éthiopie)	Paléontologie humaine
Banneker, Bejamin (1731-1806)	Astronomie et mathématiques
Beard, Andrew J. (1850-1910)	Coupleur de wagons
Benjamin, Ivor J. (Guyane)	Cardiologie, université d'Utah, É.U.
Blair, Henry (1804-1860)	Machine à planter le maïs et le coton
Blanchard, Hervé (Haïti)	Pionnier de la transplantation rénale au Québec
Bonny, Yvette (Haïti)	A effectué la première greffe osseuse chez un enfant au Québec (Canada)
Bouchet, E. Alexander (1852-1918)	Physique

Callender, Clie O. (1936 -)	Médecine
Coleman, W. John (1929 -)	Physique
Cox, Elbert F. (1895-1969)	Mathématiques
Ferguson, LLoyd (1916 -)	Chimie
Fuller, Solomon (1872-1953)	Neuropathologie et psychiatrie
Granville, Evelyn B. (1924 -)	Mathématiques
Henson, Mathew A. (1866-1955)	Exploration du pôle Nord
Imes, Elmer S. (1883-1941)	Physique
Jackson, Mary	Mathématiques
Jemison, Mae (1956 -)	Médecine
Johnson, Lonnie G. (1949 -)	Technique
King, Reatha C. (1938 -)	Chimie
Long, Irene D. (1951 -)	Médecine et sciences de la vie dans l'espace
Lowe, Henry (Jamaïque)	Recherche sur une plante anticancéreuse
Massie, Samuel (1919 -)	Chimie
Moon, John P. (1938 -)	Informatique
Nabrit, Samuel (1905-2003)	Biologie

Patrick, Jennie R. (1949 -)	Génie chimique
Paul, Arnold (Haïti)	Physique nucléaire (France)
Peery, Benjamin (1922 -)	Astronomie
Shaw, Earl D. (1937 -)	(Co) invention du laser Raman
Smith, Patrice (Jamaïque)	Recherche sur la réparation du système nerveux par lui-même
Spikes, Richard B. (? -1962)	Boîte de vitesses automatique
Temple, Lewis (1800-1854)	Le harpon (instrument de pêche)
Thomas, Vivien (1910-1985)	Recherche en instruments chirurgicaux
Turner, Charles H. (1867-1923)	Psychologie animale (des insectes en particulier)
Vaughan, Dorothy	Mathématiques
West, Harold D. (1904-1974)	Biochimie
West, James E. (1931 -)	(Co) invention du microphone
William, Oswald S. (1921 -)	Génie aéronautique
William, Paul R. (1894-1980)	Architecture

BIBLIOGRAPHIE

Africa 24 Magazine, N°7, août-octobre 2012

Akoka, Jacky et Comyn-Wattiau (sous la direction de), *Encyclopédie de l'informatique et des systèmes d'information*, Paris, Éd. Vuibert, 2006.

Albers, Donald J. et Alexanderson, G.L., *Mathematical People Profiles and Interviews,* Birkauser, Boston, Basel Stuttgart, 1985.

Alexander, Ken et Glaze, Avis, *Towards Freedom The African-Canadian Experience,* Toronto, Ed. Umbrella Press, 1996.

Appiah, Kwane Anthony et Gates Jr, Henry Louis (sous la direction de) *Africana* the Encyclopedia *of* the African American Experience, New York, Ed. Basic Civitas Books, 1999.

Atlan, Henri, « Temps biologique et auto-organisation » dans *Communications*, Paris, Éd. du Seuil, 1985, p.123-131.

Balle, Francis, *Médias et société*, Paris, Ed. Montchrestien, 1980.

Bertley, Leo W., *Canada and Its People of African Descent*, Pierrefonds (Québec), Ed. P. Bilongo, 1977.

Beti, Mongo et Tobner, Odile, *Dictionnaire de la négritude*, Paris, Ed. L'Harmattan, 1989.

Bonambela n y a, Prince Bétotè Dika-Akwa, *Problèmes de l'anthropologie et de l'histoire africaines*, Yaoundé, Ed. Clé, 1982.

Borman, Stu, *Chemical & Engineering News C & EN*, Washington, February 1, 1993.

Bowker, R.R., *American Men & Women of Science,* 1992-1993, 18th Edition, New Providence, New Jersey.

Brodie, James Michael, *The lives and Ideas of Created Equal Black American Inventors,* New York, Ed. William Morrow and Company, 1993.

Bruce, Lambert, « Lincoln Hawskins, chemist and mentor for black scientists », *The New York Times*, vol. 141, August 24, 1992.

Burt, McKinley, *Black Inventors of America*, Portland (OR), Ed. National Book Company, 1989.

Canadian who's Who, Toronto, University of Toronto Press, 2010.

Cárdenas, Eduardo (sous la direction de), *20.000 Biografías Breves Diccionario Biográfico universal,* New York, Ed. Enciclopedia Moderna, 1963.

Carson, Ben et Murphy, Cecil, *Gifted Hands* the *Ben Carson Story*, Michigan, Éd. Zondervan and Herald Publishing Association, 1990.

Cashmore, Ellis, *Dictionary of Race and Ethnic Relations,* 3rd Edition, London, New York, 1995.

Chemistry in Canada, vol. 29, no 6, June 1977.

Clark, Glenn, *The Man who talks with the Flowers, The Life story of Dr George Washington Carver*, Minnesota, Ed. Publishing Company, 1999.

Cobb, W. Montague, « Ernest Everett Just, 1887-1941 », *Journal of the National Medical Association*, vol. 49, 1957,

p. 349-351. *Comment ça marche, Encyclopédie pratique des inventions et des tech-niques*, Paris, Ed. Atlas, 1980.

Coppens, Yves, « Les origines de l'homme » dans *Historia*, no 50, nov.-déc. 1997.

Coulibaly, Elisée, « L'archéologie, science oubliée des études africanistes françaises » dans *L'Africanisme en questions*, Paris, Ed. Centre d'études africaines, EHESS, 1997.

Dakin, Eli, *Black Achievers*, Cassopolis (Michigan), Ed. C & M Publishing, 1989.

David, Crystal, *The Cambridge Biographical Encyclopedia*, Cambridge, Ed. University Press, 1994.

DeGroot, Morris H., « A conversation with David Blockwell », *Statistical Science a Review Journal of the Institute of Mathematical Statistics,* vol. 1, no 1, February 1986, p. 40-53.

Diagne, Pathé, *Cheikh Anta Diop et l'Afrique dans l'histoire du monde*, Paris, Ed. L'Harmattan, 1997.

Diarra, Cheick M., *Navigateur interplanétaire L'extraordinaire aventure d'un enfant du Mali parti à la conquête de Mars*, Paris, Ed. Albin, Michel, 2000.

Dictionnaire des inventeurs et inventions, Paris, Ed. Larousse, 1996.

Dictionnaire français de médecine et de biologie (4 vol.), Paris, Éd. Masson et Cie, 1970.

Diop, Cheickh Anta, « De l'identité culturelle » dans *L'Affirmation de l'identité culturelle et la formation de la conscience nationale dans l'Afrique contemporaine*, Paris, Ed. UNESCO, 1981, p. 63-73.

Diop, Cheikh Anta, « Origine des anciens Egyptiens » dans *Histoire générale de l'Afrique II. L'Afrique ancienne*, Paris, Ed. UNESCO, vol. ii, 1980, p. 39-72.

Diop, Cheikh M'Backé, *Cheikh Anta Diop L'homme et*

l'œuvre, Dakar, Éd. Présence Africaine, 2003.

Downing, Lewis K., « Contributions of Negro Scientists », *The Crisis*, vol. 46, no 6, June 1939.

Ebony, 2000 Special Millennium issue, vol. LV, no 2, December 1999, p. 84-91.

Ebony, vol. 46, June 1991.

Éla, Jean-Marc, « Conscience historique et révolution africaine chez Cheikh Anta Diop » dans *Présence Africaine,* no 149/150, 1989, p.161-192.

Éla, Jean-Marc, *Cheikh* Anta Diop *ou l'honneur de penser,* Paris, Éd. L'Harmattan, 1989.

Éléments d'histoire des sciences, Paris, Ed. Bordas, 1991.

Encyclopedia of Science and Technologie, McGraw Hill, vol. 17, 1990. *Encyclopedia Universalis*, Paris, Ed. Encyclopaedia Universalis, vol. 4, 1980.

Encyclopédie des sciences et des techniques, Paris, Ed. Presse de la Cité, 10 vol. 1975.

Encyclopédie des sciences, Paris, Éd. Librairie générale française, 1998.

Firmin, Anténor, *De l'égalité des races humaines*, Paris, Ed. Pichon, 1885.

Fyle, C. Magbaily, *Introduction to the history of African Civilization*, Lanham, New York, Oxford, 1999.

Giscard D'Estaing, Valérie-Anne, *Le livre mondial des Inventions, 2000 ans de création*, Paris, Ed. XO, 2002.

Grawitz, Madeleine, *Lexique des sciences* sociales, Paris, Éd. Dalloz, 2004.

Green, Richard L., *A Salute to Black Scientists and Inventors,* Chicago, Ed. Empak Enterprises, 1985.

Hancock, Sibyl, *Famous Firts of Black Americans*, Louisiana, Ed. Pelican Publishing Company Gretna, 1987.

Harber, Louis, *Black Pioneers of Science and Invention*, New York, Ed. Harcourt Brace Jovanoville inc., 1970.

Harrison, Paul Carter, *Black Light The African American Hero,* Ed. Thunder's Mouth Press, 1993.

Iniesta, Ferrán, *L'univers africain. Approche historique des cultures noires*, Paris, Ed. L'Harmattan, 1995.

Inventeurs et scientifiques, Paris, Éd. Larousse, 1994.

Inventors and Discoverers, Changing our World, Washington, Ed. National Geographic Society, 1988.

Jacquard, Albert, et Kahn, Axel, *L'avenir n'est pas écrit*, Paris, Ed. Bayard, 2001.

Jacquard, Albert, *L'équation du nénuphar*, Paris, Ed. Calmann-Lévy, 1998.

Jenkins, Edward S., *To Fathom More African American Scientists and Inventors,* Lanhan, New York, London, Ed. University Press, 1996.

Klein, Aaron, *The Hidden Contributors : Black Scientists and Inventors in America,* New York, Ed. Doubleday and Company, 1971.

L'autre Afrique, no 73, du 23 décembre au 5 janvier 1999, p. 60-70.

L'État des sciences et des techniques, Paris/Montréal, Ed. La découverte Maspéro, Boréal Express, 1983.

La Presse, Montréal, vendredi 6 septembre 1996, p. A6.

Lara D. Oruno, *La naissance du Panafricanisme, Les racines caraïbes, américaines et africaines du mouvement au XIX*e *siècle*, Paris, Ed. Maisonneuve et Larose, 2000.

Laroche, Josepha, *Les Prix Nobel*, Paris, Ed. P.U.F., coll. Que sais-je ? 1995.

Le Point, Hors-série, avril-mai 2009.

Lee, George L., *Interesting People Black American History Makers 1945-48 and 1970-86,* New York, Baltimore Book Edition, 1992.

Lee Shetterly, Margot, *Les figures de l'ombre* Paris, Éd. Harpercollins France, 2017

Lévi-Strauss, Claude, *Race et Culture*, Paris, Ed. Gonthier, 1961. Levy, isabelle, *Nobel 100 ans de prix 100 ans d'histoires*, Ville de Sevrau, Ed. Josette Lyon, 2001.

L'Express, Paris, 29 octobre au 4 novembre 2014

Leymarie, Philippe, « L'Afrique de Cheikh Anta Diop de François Xavier Fauvelle » dans *Le Monde diplomatique*, Paris, février 1998, p. 30.

Logan, Rayford W. et Winston, Michael R., *Dictionary of American Negro Biography*, New York, 1982.

Low, Augustus W. et Clift, Virgil A., *Encyclopedia of Black America,* New York, Ed. McGraw-Hill Company, 1981.

Mankiewicz, Richard, *L'histoire des mathématiques*, Paris, Éd. Du Seuil, 2001.

Manuila, L. et al., *Dictionnaire médical* Manuila, Paris, Éd. Masson, 2004.

Mars, Jean Price, « George Washington Carver La carrière d'un homme de génie », *Cahiers d'Haïti*, janvier 1945, p.29-39.

Maxime's Bakery, *America'Black Heritage Calendar*, s.l.d.

Mcleish, Kenneth et Valérie, *L'encyclopédie des hommes célèbres 1200 acteurs de l'histoire du monde*, Great Britain, Ed. Mango, 1992.

McMurray, Emily J., *Notable Twentieth-Century Scientists*, Vol. 3 L-R, New York, Ed. Gale Research inc., 1995.

Mesure, Sylvie et Savidan, Patrick (sous la direction de), *Le dictionnaire des sciences humaines*, Paris, Éd. P.U.F., 2006.

Morazé, Charles, *La science et les facteurs de l'inégalité*, Paris, Ed. Unesco, 1979.

Morvan, Pierre (sous la direction de), *Dictionnaire de l'informatique Acteurs, concepts, réseaux*, Paris, Ed Larousse, 2000.

Munnich, Arnold, « Génome, après le tapage » dans *Le Monde*, Paris, vendredi 2 mars 2001, p. 18.

New York Times, « Dr Carver is Dead : Negro Scientists », January 6, 1943, p. 25.

Nobel Prize Winners, An H. W. Wilson Biographical Dictionary, New York, Ed. The H. Wilson Company, 1987.

Oakes, Elizabeth H., *International* Encyclopedia *of* Women Scientists, New York, Éd. Facts On File, inc, 2002.

Obenga, Théophile, « Méthode et conception historiques de Cheikh Anta Diop » dans *Présence Africaine*, no 74, 1970, p. 3-28.

Obenga, Théophile, *L'Afrique dans l'Antiquité Égypte pharaonique – Afrique noire*, Paris, Ed. Présence Africaine, 1973.

Obenga, Théophile, *Le sens de la lutte contre l'africanisme eurocentriste*, Paris, Ed. L'Harmattan, Kherepa, 2001.

Passavant, Christiane et Portis, Larry, *Dictionnaire Black*, Paris, Ed. Jacques Grancher, 1995.

Pêcheux, Michel et Fichant, Michel, *Sur l'histoire des sciences*, Paris, Ed. Maspéro, 1971.

PFouma, Oscar, *Histoire culturelle de l'Afrique noire*, Paris, Ed. Publisud, 1993.

Piquion, René, *Le second souffle*, Port-au-Prince, imp Henri Deschamps, 1973.

Piquion, René, *Manuel de négritude,* Port-au-Prince, Éd Henri Deschamps, s.d.

Quenauvillers, Jacques, (sous la direction de), *Dictionnaire médical*, Paris, Éd Masson, 2009.

Rapin, Maurice (sous la direction de), *Le grand dictionnaire encyclopédique médical,* Paris, Éd. Médecine-Sciences et Flammarion, 1986.

Ribbe, Claude, *Alexandre Dumas Le dragon de la reine*, Paris, Ed. du Rocher, 2002.

Romain, J.-B., « Jean Price-Mars ethnologue », *Conjonction Revue franco*-haïtienne, vol.XXiV, no 2, 1969, p.3-7.

Rousseau, Pierre, *Histoire de la science,* Paris, Ed. Fayard, 1945.

Rousseau, Pierre, *Histoire des techniques et des inventions,* Paris, Ed. Fayard, 1960.

Salem, Lionel, *Le dictionnaire des sciences,* Paris, Éd. Hachette, 1990.

Salley, Columbus, *The Black 1001 A ranking of the most influtial African American Past and Present,* New York, Ed. A Citadel Press Book Carol Publishing Group, 1994.

Salomon, Jean-Jacques, *Science et Politique*, Paris, Ed. Economica, 1989.

Sammons Ovelton, Vivian, *Black in Science and Medecine,* New York, Washington, Philadelphia, London, Ed. Hemisphere Publishing Corporation, 1990.

Science, vol. 240, no 4854, May 13, 1988.

Sciences et techniques, Paris, Ed. Larousse, coll. Théma, vol. 3, 1990.

Sélection du Reader's Digest, Les inventions qui ont changé le monde, Paris-Bruxelles-Zurich-Montréal, 1983.

Sertima, Ivan V., *Blacks in Science Ancient and Modern,* New Brunswick (U.S.A.) and London (U.K.), Ed. Ivan Van Sertima, 1985.

Sidney, Elliott, *Celebrating Black Scientists and Inventors,* Toronto, Ed. Village Books, 1992.

Sloam, Irving J., *The Blacks in America 1492-1976,* U.S.A., Ed. Ocean Publications inc., 1977.

Sorman, Guy, *Les vrais penseurs de notre temps*, Paris, Ed. Fayard, coll. Le livre de poche, 1989.

Témoignages sur la vie et l'œuvre du Dr Jean Price Mars, Port-au-Prince, *imp.de* l'État, 1956.

The African-American Almanac, 6th Edition, Detroit, Washington, D.C., London, Ed. Kenneth Estell, Gale Research inc., 1994.

The Biographical Dictionary Scientists, 2nd Edition, New York, Ed. Oxford University Press, 1994.

The Negro Almanac, A Reference Work on the African American, 5th Edition, Detroit, London, Ed. Gale Research inc., 1989.

Tietjen, Gary L., *A Topical Dictionary of Statistics,* New York, London, Ed. Chapman and Hall, 1986.

UNESCO, *Histoire générale de l'Afrique Méthodologie et Préhistoire africaine*, Paris, Ed. Jeune Afrique/Stock/UNESCO, 1980.

UNESCO, *Le peuplement de l'Égypte ancienne et le déchiffrement de l'écriture méroitique*, Paris, Ed. UNESCO, 1978.

UNESCO, *Voix multiples Un seul monde Communication et société Aujourd'hui et demain*, France, Les Nouvelles Éditions Africaines et UNESCO, 1980.

Van Nostrand's Scientific Encyclopedia, New Jersey, Ed Wiley-Interscience, 10th Edition, 2008.

Wane, Fabrice Hervieu, « Cheikh Anta Diop, restaurateur de la conscience noire » dans *Le Monde diplomatique*, Janvier 1998, p. 24-25.

Who's Who Among Black Americans, 8th Edition, 1994-95, Detroit, Washington, D.C., London, Ed. Shirelle Phelps and Gale Research inc., 1994-95.

Who's Who in America, 48th Edition, New Jersey, Ed. Marquis, 1994, vol. 1.

Who's Who in America, 49th Edition, New Jersey, Ed. Marquis, 1995, vol. 1.

Who's Who in Science and Engineering, 10th Edition, New

Jersey, Who's Who in America Publication, 2008-2009.

William, Dawn P., *Who's* Who *in Black Canada*, Toronto, University of Toronto Press, 2006.

World of Scientific Discovery, Detroit, Washingon, London, Ed. Gale Research inc., 1994.

World Who's Who in Science, A Biographical Dictionary of Notable Scientists From Antiquity to the Present, Chicago, Ed. Marquis who's who, 1968.

Wynes, Charles, *Charles Richard Drew: The Man and the Myth*, University of Illinois, 1988.

Yount, Lisa, *American Profiles Black Scientists*, New York, Ed. Facts on File inc., 1991.

Ziegler, Jean, *Main basse sur l'Afrique*, Paris, Ed. du Seuil, 1978

SITES INTERNETS CONSULTÉS

http://www.africamaat.com
http://www.africau.edu/news_cal/news_guest.htm
http://www.alter-actif.com/prix_nobel_alternatif.php
http://www.ethiopianmillennium.com/science.html
http://100greatestzimbabweans.blogpot.com
http://www.lepoint.fr/archives.php./56692
http://www.interamerica.org/users/index.php
http://www.unesco.org/bpi/eng/unescopress/
http://fr.wikipedia.org/wiki/

INDEX DES NOMS CITÉS

A

Agbégnénou Victor 111, 112, 113
Albers, Donald 194
Albius, Edmond 43, 44, 45
Alcorn, George E. 163, 164
Ali, Muhammad 13
Anderson, Gloria 273
Anderson, Marian 17
Atlanl, Henri 25

B

Banneker, Benjamin 273
Barton, Derek 75
Bastide, Roger 186
Bath, Patricia 147, 148
Batraville, Benoit 185
Beard, Andrew 273
Beattie John 132
Beattie, John 130
Beaumont, Féréol 44
Belachew Mitiku 145, 146
Belafonte, Harry 13
Bell, Alexander G. 83
Belzer, Folker O. 140
Beti, Mongo 12, 16, 197
Blackwell, David 192, 193, 194
Blair, Henry 273
Bonjawo Jacques 107, 108, 109
Bonny, Yvette 273
Bouchet, Alexander E. 273
Bourdieu, Pierre 13
Boykin, Otis 96
Boykin, Otis 95
Branson, Herman R. 25, 26
Brierre, Jean F. 17

Broca, Paul 15
Brodie, James Michael 70
Brossi, Arnold 63
Brown Marie V. B. 237, 238

C

Callender, Clie O. 274
Camus, Albert 239
Carrel, Alexis 131
Carruthers, George R. 243, 244, 245
Carson, Benjamin S. 151, 153
Carson, Benjamin S. 149, 150
Carson, Benjamin S. 152
Carver, George W. 49, 50, 51, 52, 53, 54, 56, 120
Césaire, Aimé 11
Chateaubriand 61
Chavez, Hugo 33
Chetsanga, Christopher 34
Chetsanga, Christopher. 33
Chirac, Jacques 205
Chopin, Frédéric 209
Cohn, Roy 140
Coleman, W. John 274
Copernic, Nicolas 197, 213
Coppens, Yves 97
Cowings, Patricia 7, 170, 171, 172, 173
Cox, Elbert 274
Cros, Charles 217
Curie, Marie 39, 165
Curie, Pierre 39

D

Darden, Christine 249, 250
Davies, J. A. 122
Dean, Mark 103, 104, 105
DeGroot, Morris H. 194
Delaney, Harold 70
Deneuve, Catherine 261
Dewey, John 23
Diagne, Pathé 201, 202
Diarra, Cheikh Anta 197, 198, 199, 200, 201, 202
Diarra, Cheikh Modibo 257, 258, 259, 260, 261
Douglass, Frederick 81

Drew, Charles R. 129, 130, 131, 132, 133
Drew, Charles R. 128
Du Bois, W.E.B. 177, 178, 179, 180, 181, 182
Dumas, Alexandre 205

E

Edison, Thomas 50, 83, 84, 90
Einstein, Albert 137
Ejigu, Kitaw 253
Ejigu, Kitaw 254
Éla, Jean-Marc 201
Emeagwali, Dale Brown 39, 40
Emeagwali, Philip 97, 99, 100, 253

F

Ferguson, LLoyd 274
Fermi, Enrico 66, 69, 166
Ferrán, Iniesta. 201
Fièvre, Michel 187
Firmin, Anténor 187
Firmin, Anténor 15, 16
Ford, Henry 50, 51, 165
Fraser-Reid, Bertram O. 76, 77
Fraser-Reid, Bertram O. 74, 75
Fuller, Solomon 274

G

Gabriel, Mesmin 186
Galilée 197
Gardner, Ralph 69
Garrison, William L. 82
Garrison, William L. 81
Gensfleish, Johannes 217
Girshick, Abe 194
Gogh, Van 197
Gomez, Jean Charles 201
Gourdine, Meredith C. 239, 240
Gramme, Zénobe 209
Granville, Evelyn B. 17, 274

H

Hall, LLoyd A. 55, 56, 57, 58
Hannah Marc Regis 101, 102

Harris, James A. 71, 72
Harris, Wesley L. 247, 248
Henson, Mathew 274
Hertz, Heinrich 213
Hinton, William A. 26, 121, 122
Hitler, Adolf 133
Hubbard, Philip G. 235, 236
Hugo, Victor 61

I

Imes, Elmer 274

J

Jackson, Shirley A. 165, 166, 167
Jacquard, Albert 14
Jeffries, Jaspar 70
Jemison, Mae 274
Jemison, Mae 17
Johnson, Katherine G. 229, 230, 231, 232, 249
Johnson, Loonie. 274
Johnson, Lyndon B. 136
Jones, Frederick M. 227, 228
Julian, Percy L. 60, 61, 62, 63, 64
Just, Ernest E. 20, 21, 22, 23, 278

K

Kezeu Severin 263, 264, 265
King, Martin L. 63, 100, 202, 247, 263
King, Reatha 274
Kountz, Samuel 139, 140

L

Landsteiner, Karl 131
Latimer, Lewis, H. 43, 80, 81, 82, 83, 84, 85
Lemma, Aklilu 29, 30, 31
Lévi-Strauss, Claude 9
Lewis, William A. 189, 190, 191
Lincoln, Abraham 81
Lister, Joseph 118
Loggings, Vernon 179
Long, Irene D. 274
Lumière, Auguste 163
Lumière, Louis 163

M

M'Bokolo, Elikia 197
M'Bow, Amadou Maltar 97, 200
Maloney, Arnold, L. 157, 158
Mandela, Nelson 263
Marois, André 206
Mars, Jean Price 183, 184, 185, 186, 187, 188
Marx, Karl 193
Massie, Samuel 274
Matzeliger, Jan E. 215, 217, 218
McCoy, Elijah 211, 212, 213, 214
McIntosh, J.G. 209
Miller, Neal 171
Moon, John 274
Morgan, Garrett 13, 113, 221, 222, 223, 224, 225, 227
Munnich, Arnold 14
Muyembe Jean-Jacques 141, 142

N

Nabrit, Samuel 274
Nahum Bertin 267, 268, 269
Nau Ignace 163
Nau, Emile 163
Newman, John V. 193, 195
Newton, Isaac. 213
Nicolo, Georges 161, 162
Nixon, Richard 26
Norbert, Rillieux 205, 206, 207, 208, 209
Numero, Joseph 228

P

Pascal, Blaise 16, 193
Passevant, Christiane 12
Pasteur, Louis 118
Patrick, Jennie 275
Paul, Arnold 275
Peery, Benjamin 275
Pelé 13
Péralte, Charlemagne 185
Piaf, Edith 208
Pickford, Martin 97
Piquion, René 17
Pointe Du Sable, Jean-Baptiste 56

Portis, Larry 12

Q

Quaterman, LLoyd A. 65, 66

R

Rillieux, Norbert 204
Robinson, Jakie. 64
Romélus, Willy. 205
Roosevelt, Eleanor. 125
Roosevelt, Franklin D. 53, 54, 125
Roussin, Antoine 45
Russel, Edward 70
Russell Jesse Eugene 255, 256

S

Sagan, Carl 239
Salem, Lionel 25
Schumburg, Arthur A. 178
Scott, Benjamin 70
Senut, Brigitte 97
Sertima, Ivan V. 11, 67, 212, 244
Shaw, Earl D. 275
Sorman, Guy 12
Späth, Ernst 62
Spikes, Richard 275
Stendhal 197
Sugarman, Nathan 69
Sylvain, Georges 185

T

Taylor, Moddie 70
Temple, Lewis 275
Thom, René 12
Thomas, Vivien 275
Tobner, Odile 16, 197
Turner, Charles H. 275

W

Walcott, Derek 189
Wane, Fabrice Hervieu 197, 199
Washington, Booker T. 50, 180
Webre, Alfred 209

West, Harold 275
West, James E. 275
Wilkins, Ernest 70
William, Oswald S. 275
William, Paul R. 275
Williams, Daniel H. 26, 116, 117, 118, 119, 120, 125
Wolde-Yohannes, Legesse 29, 30, 31
Woods, Granville T. 87, 88, 89, 90, 91, 112
Woodson, Carter G. 178
Wright, Jane C. 135, 136, 137
Wright, Louis T. 26, 123, 124, 125, 135

Y

Yilma, Tilahun D. 35, 36, 253
Young, Andrew 202
Young, John W. 244, 245

TABLE DES ILLUSTRATIONS

Ernest Everett Just 20
George Washington Carver 48
George W. Carver dans son laboratoire 48
Timbre émis à l'effigie de George W. Carver 52
George W. Carver et le président F. D. Roosevelt 53
Percy L. Julian dans son laboratoire 60
Bertram Oliver Fraser-Reid[1] 74
Lewis Howard Latimer 80
Granville T. Woods 88
La voie ferrée électrifiée de Granville T. Woods 91
Daniel Hale Williams 116
Louis Tompkins Wright 124
Charles Richard Drew 128
Shirley A. Jackson[2] 166
Patricia S. Cowings[3] 170
David Blackwell[4] 192
Norbert Rillieux 204
L'évaporateur de Norbert Rillieux 207
Elijah McCoy 212
Le graisseur d'Élijah McCoy 214
La machine à monter des empeignes de Jan E. Matzeliger 215
Garrett A. Morgan 222
George R. Carruthers[5] 244
Bertin Nahum et son robot Rosa[6] 268

[1] Don du chimiste

[2] *Ebony*, June 1991

[3] La NASA

[4] *Mathematical People Profiles and Interviews*, 1985

[5] *Ebony*, June 1991

[6] *L'Express*, 29 octobre au 4 novembre 2014

* Les autres illustrations viennent du Schomburg Center Research in Black Culture, New York

TABLE DES MATIÈRES

REMERCIEMENTS **7**

INTRODUCTION **11**

BIOLOGIE **19**

ERNEST EVERETT JUST 21
HERMAN RUSSELL BRANSON 25
AKLILU LEMMA 29
CHRISTOPHER CHETSANGA 33
TILAHUN D.YILMA 35
DALE BROWN EMEAGWALI 39

BOTANIQUE **41**

EDMOND ALBIUS 43

CHIMIE **47**

GEORGE WASHINGTON CARVER 49
LLOYD A. HALL 55
PERCY L. JULIAN 61
LLOYD ALBERT QUATERMAN 65
RALPH GARDNER 69
JAMES A. HARRIS 71
BERTRAM OLIVER FRASER-REID 75

ÉLECTRICITÉ **79**

LEWIS HOWARD LATIMER 81
GRANVILLE T. WOODS 87

ÉLECTRONIQUE **93**

OTIS BOYKIN 95
PHILIP EMEAGWALI 97
MARC R. HANNAH 101
MARK DEAN 103
JACQUES BONJAWO 107
VICTOR AGBÉGNÉNOU 111

MÉDECINE **115**

DANIEL HALE WILLIAMS 117
WILLIAM A. HINTON 121
LOUIS TOMPKINS WRIGHT 123
CHARLES RICHARD DREW 129
JANE COOKE WRIGHT 135
SAMUEL L. KOUNTZ 139
JEAN-JACQUES MUYEMBE 141
MITIKU BELACHEW 145
PATRICIA E. BATH 147
BENJAMIN S. CARSON 149

PHARMACOLOGIE 155

ARNOLD HAMILTON MALONEY 157

PHYSIQUE 159

GEORGES NICOLO 161
GEORGE EDWARD ALCORN 163
SHIRLEY A. JACKSON 165

PSYCHOLOGIE 169

PATRICIA S. COWINGS 171

SCIENCES SOCIALES 175

WILLIAM EDWARD BURGHARDT DU BOIS 177
JEAN PRICE MARS 183
WILLIAM ARTHUR LEWIS 189
DAVID BLACKWELL 193
CHEIKH ANTA DIOP 197

TECHNIQUE 203

NORBERT RILLIEUX 205
ELIJAH MCCOY 211
JAN EARNST MATZELIGER 217
GARRETT A. MORGAN 221
FREDERICK MCKINLEY JONES 227
KATHERINE G. JOHNSON 229
PHILIP G. HUBBARD 235
MARIE V. B. BROWN 237
MEREDITH C. GOURDINE 239
GEORGE R. CARRUTHERS 243
WESLEY L. HARRIS 247
CHRISTINE DARDEN 249
KITAW EJIGU 253

JESSE E. RUSSELL 255
CHEICK M. DIARRA 257
SEVERIN KEZEU 263
BERTIN NAHUM 267

AUTRES INVENTEURS ET SAVANTS NOIRS 273

BIBLIOGRAPHIE 277

SITES INTERNETS CONSULTÉS 287

INDEX DES NOMS CITÉS 289

TABLE DES ILLUSTRATIONS 297

TABLE DES MATIÈRES 299

Structures éditoriales du groupe L'Harmattan

L'Harmattan Italie
Via degli Artisti, 15
10124 Torino
harmattan.italia@gmail.com

L'Harmattan Hongrie
Kossuth l. u. 14-16.
1053 Budapest
harmattan@harmattan.hu

L'Harmattan Sénégal
10 VDN en face Mermoz
BP 45034 Dakar-Fann
senharmattan@gmail.com

L'Harmattan Cameroun
TSINGA/FECAFOOT
BP 11486 Yaoundé
inkoukam@gmail.com

L'Harmattan Burkina Faso
Achille Somé – tengnule@hotmail.fr

L'Harmattan Guinée
Almamya, rue KA 028 OKB Agency
BP 3470 Conakry
harmattanguinee@yahoo.fr

L'Harmattan RDC
185, avenue Nyangwe
Commune de Lingwala – Kinshasa
matangilamusadila@yahoo.fr

L'Harmattan Congo
67, boulevard Denis-Sassou-N'Guesso
BP 2874 Brazzaville
harmattan.congo@yahoo.fr

L'Harmattan Mali
Sirakoro-Meguetana V31
Bamako
syllaka@yahoo.fr

L'Harmattan Togo
Djidjole – Lomé
Maison Amela
face EPP BATOME
ddamela@aol.com

L'Harmattan Côte d'Ivoire
Résidence Karl – Cité des Arts
Abidjan-Cocody
03 BP 1588 Abidjan
espace_harmattan.ci@hotmail.fr

L'Harmattan Algérie
22, rue Moulay-Mohamed
31000 Oran
info2@harmattan-algerie.com

L'Harmattan Maroc
5, rue Ferrane-Kouicha, Talaâ-Elkbira
Chrableyine, Fès-Médine
30000 Fès
harmattan.maroc@gmail.com

Nos librairies en France

Librairie internationale
16, rue des Écoles – 75005 Paris
librairie.internationale@harmattan.fr
01 40 46 79 11
www.librairieharmattan.com

Lib. sciences humaines & histoire
21, rue des Écoles – 75005 Paris
librairie.sh@harmattan.fr
01 46 34 13 71
www.librairieharmattansh.com

Librairie l'Espace Harmattan
21 bis, rue des Écoles – 75005 Paris
librairie.espace@harmattan.fr
01 43 29 49 42

Lib. Méditerranée & Moyen-Orient
7, rue des Carmes – 75005 Paris
librairie.mediterranee@harmattan.fr
01 43 29 71 15

Librairie Le Lucernaire
53, rue Notre-Dame-des-Champs – 75006 Paris
librairie@lucernaire.fr
01 42 22 67 13